不 可 不 知 的
100 个
生物学知识点

柳忠烈 　和渊 　陈静雯 　杜军 　葛晓 　李瑶 　戚迪 　王肖月 ○ 著

人民邮电出版社
北　京

图书在版编目（CIP）数据

不可不知的100个生物学知识点 / 柳忠烈等著.
北京：人民邮电出版社，2025. -- （图灵原创）.
ISBN 978-7-115-67934-5

Ⅰ. Q-49
中国国家版本馆CIP数据核字第2025EH4335号

内 容 提 要

　　本书的编写团队由中国人民大学附属中学等名校的资深教师组成，他们凭借丰富的教学经验和对学科知识的深刻理解，精心挑选并详细阐述了生物学中的100个核心概念。在概念释义部分和概念解读部分，作者不仅提供了精准的定义，还运用生动的语言和贴近生活的实例，帮助读者更轻松地理解这些概念。概念应用部分则展示了这些概念在现实生活中的具体运用，使读者能够将理论与实践有效结合。最后，通过精心设计的例题，读者可以检验自己对概念的理解程度，并通过实践巩固所学知识。

◆ 著　　　　柳忠烈　和　渊　陈静雯　杜　军
　　　　　　　葛　晓　李　瑶　戚　迪　王肖月
　责任编辑　魏勇俊
　责任印制　胡　南

◆ 人民邮电出版社出版发行　　北京市丰台区成寿寺路11号
　　邮编　100164　　电子邮件　315@ptpress.com.cn
　　网址　https://www.ptpress.com.cn
　　临西县阅读时光印刷有限公司印刷

◆ 开本：720×960　1/16
　印张：14　　　　　　　　　　2025年9月第1版
　字数：250千字　　　　　　　2025年9月河北第1次印刷

定价：69.80元
读者服务热线：(010)84084456-6009　印装质量热线：(010)81055316
反盗版热线：(010)81055315

PREFACE
前 言

　　显微镜下移动的叶绿体，沙漠中倔强生长的胡杨林，DNA 双螺旋间有序排列的碱基对……生命以亿万种形态绽放，却共享着同一套精密法则。拨开现象的迷雾，我们便会发现：从细胞深处酶催化的分子之舞，到草原上狼与驯鹿的生存博弈，生命系统始终遵循着严谨的秩序与演化逻辑，生命现象始终让人感受到独特的美丽。

　　生物学是探究生命现象及其本质规律的自然科学学科之一。在中学阶段的生物学学习过程中，始终离不开对生物学核心概念的深入理解和运用。核心概念宛如学科内容结构的"黏合剂"，将学科知识有序连接，揭示生命现象的本质规律。核心概念具有跨情境的持久价值，概念的内涵往往能够迁移至其他科学领域，这有助于跨学科思维的发展。

　　概念学习是提炼生命观念、发展科学思维、形成科学思想的重要途径。在生物学学习中，核心概念理解和知识体系构建是一个重要挑战。生物学教材的知识点密集且略显分散，学生往往深陷于细节记忆的泥沼，难以抽丝剥茧把握知识的核心脉络，且在将理论知识与现实生活中的健康问题、环境议题或科技前沿动态相联系时面临重重困难。针对这些普遍存在的痛点，《不可不知的 100 个生物学知识点》应运而生。本书并非简单的知识点汇编，而是一部精心设计、旨在帮助学生系统掌握生物学核心内容、提升理解深度与应用能力的实用工具书。基于中学生物学学习难点的深入调研和教学实践的反思，本书精选了覆盖中学生物学主干内容的 100 个基础且关键的知识点，从微观的细胞分子机制到宏观的生态系统运行，构建起一个清晰、连贯的知识框架。

　　本书的核心价值在于其独特的"释义 - 解读 - 应用"三级进阶设计，贯穿于每一个概念的阐释中。首先，每个概念都力求给出精准而清晰的释义，为理解奠定坚实的基础，也确保了师生对概念本质有共同且准确的认识。其次，在释义基础上，本书着重解析概念背后的核心机制，利用大量精心设计的图表、模型等将抽象过程具象化。最后，通过概念的应用迁移，将每个核心概念与现实世界紧密连接，提供了丰富的应用场景和案例。

　　本书的内容架构紧密围绕生物体的结构和功能、遗传和变异、生物与环境、生理与健康等生物学核心主题展开，逻辑清晰。对于中学生，无论是课堂学习、自主复习还是拓展探究，本书都提供了强大的支持，其结构化的概念呈现方式有助于学生构建系统化的知识体系，避免零散记忆。书中包含大量图解和模型，降低了学生对抽象概念的理解难度，与每个概念相匹配的例题讲解，提供了应用概念、自我评估的载体。对于一线教师而言，本书也是备课和教学的得力助手，它提供了大量可直接用于课堂的教学资源和工具。

本书的编写，凝聚着编写团队的心血与专注。我们深知，一本好的生物学学习用书，其核心在于概念的准确阐释与清晰传递。为此，在整个编写过程中，我们始终秉持着严谨求实、精益求精的态度。从最初的大纲构思到最终的定稿，我们在每一个环节都投入了极大的精力。为了确保书中呈现的生物学概念科学、精准、符合课程标准，我们广泛查阅了国内外最新的教材、学术专著和权威期刊文献。对于每一个核心概念，我们不仅反复研读资料，力求理解透彻，更在表述上字斟句酌，反复推敲。编写过程中，团队内部进行了多次深入的研讨。初稿完成后，又经历了交叉审阅与修改，从内容的科学性、逻辑性到每一个术语、数据和引用的出处等，逐一进行落实。我们希望通过这些努力，能真正帮助学生抓住核心、理解本质、克服学习障碍。

本书的编写团队以中国人民大学附属中学的优秀一线教师为核心。最终呈现给读者的这本书，背后是大量的文献查阅、数易其稿的反复修订、不计其数的细节打磨。我们不敢妄言完美，但可以问心无愧地说，这已是编写团队当前所能呈现的最严谨、最用心之作。我们最大的心愿，就是本书能成为学生学习生物学道路上一位值得信赖的伙伴，帮助他们建立起扎实的概念基础，领略生命科学的魅力。

希望本书能对广大师生有所裨益。书中若有疏漏之处，恳请读者不吝指正。

北京市海淀区教师进修学校 柳忠烈 于北京花园路

CONTENTS
目 录

1　生物体的结构层次

1.1　细胞

概念本体　细胞

概念释义　细胞是除病毒外的生物体结构和功能的基本单位。

概念解读　如果说建造大楼的基础构件是砖块，那么塑造我们身体的基石就是细胞。细胞是身体结构的基本组成部分，身体要完成一系列复杂的生命活动，离不开这一个个微小的细胞。每个细胞都扮演着特定的角色，完成着各自的功能。正是它们的共同努力，才使得身体能够正常进行各种生命活动。动物、植物、细菌、真菌等一系列生命体，都是由细胞构成的。不过，病毒是个例外，它没有细胞结构，而是由蛋白质外壳包裹着内部的遗传物质，必须依赖其他生物的活细胞才能进行生命活动。

概念应用

　　细胞内部犹如一座精心设计的工厂，各个部分分工明确，各司其职。以动物细胞和植物细胞为例，它们通常由细胞膜、细胞质和细胞核这三大基本组件构成。另外，植物细胞在细胞膜之外还多了一层保护性的细胞壁。虽然从图 1.1-1 看来，植物细胞似乎拥有比动物细胞更多的组成部分，但这不代表植物细胞就比动物细胞复杂。

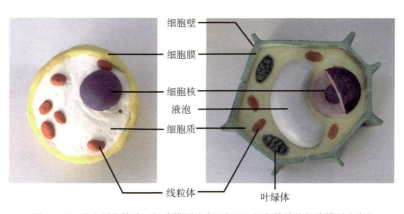

图 1.1-1　黏土制作的动物细胞模型（左）和 3D 打印的植物细胞模型（右）

细胞膜扮演着细胞的守门员角色。它能够允许细胞所需的有益物质进入，同时排出细胞内产生的不必要或有害的物质。作为细胞的边界，细胞膜将细胞内部与外部环境分隔开来，从而维持细胞内部相对稳定的状态。

细胞质则是一个充满活力的舞台，其中各式各样的细胞器和生物分子像是忙碌的工人，进行着各种生化反应，为细胞供给能量、合成必需物质，并执行着细胞的各种生理功能。在细胞质中有两个明星角色——叶绿体和线粒体。提起它们就必须说一说细胞的能量供应。能量与物质是两个不同的概念。例如，汽车需要加油，而汽油就属于物质的一种。这类物质可以燃烧，并且含有一种名为碳的元素。我们称这类物质为有机物。有机物中蕴藏着一种特殊的能量，这种能量称为化学能。当汽车启动后，发动机就会将这种"藏"在有机物中的化学能转化为汽车行驶所需的能量。叶绿体就是一种能将光能转化为化学能的能量转换器，但遗憾的是，这种转换器仅存在于植物中。如果人类拥有这种能量转换器，或许就不必依赖食物来获取化学能了。然而，细胞中仅有化学能是不够的，细胞进行生命活动还需要特定的能量。这时，另一种能量转换器——线粒体便发挥了关键作用，它将化学能转化为生命活动所需的能量。化学能既可以由光能转化，又可以直接从外界摄取，因此并非所有生物都拥有叶绿体。但生命活动所需的能量是所有生物都不可或缺的，故而线粒体广泛存在于所有动植物以及真菌中。

细胞内每时每刻都在发生物质和能量的变化，这就需要一个指挥和控制中心，即细胞核。细胞核之所以能成为控制中心，是因为其内部含有遗传物质——脱氧核糖核酸，即 DNA。DNA 独特的结构使其能够储存大量信息，正是这些信息指导着细胞的正常生活。因此，我们可以说，细胞的生活是物质、能量和信息三者的统一。

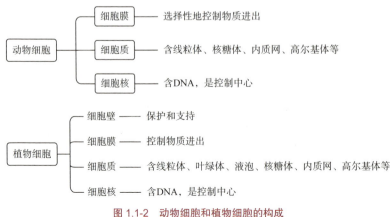

图 1.1-2　动物细胞和植物细胞的构成

例题讲解

1. 与植物细胞相比，动物细胞不具有的结构是（　　）。

   A. 细胞壁　　　　　　B. 细胞膜　　　　　　C. 细胞质　　　　　　D. 细胞核

   答案： A

   解释： 本题考查的是动植物细胞基本结构的区别。动物细胞具有细胞膜、细胞质和细胞核，植物细胞除了这三个基本结构外，还有细胞壁。

2. 细胞内控制生物发育和遗传的结构是（　　）。

   A. 细胞壁　　　　　　B. 细胞膜　　　　　　C. 细胞质　　　　　　D. 细胞核

   答案： D

   解释： 本题考查的是细胞内各部分结构的功能。细胞核具有遗传物质，控制生物发育和遗传；细胞壁具有保护和支撑的作用；细胞膜是细胞的边界，选择性地控制物质进出。

3. 国槐是北京市市树，其结构和功能的基本单位是（　　）。

   A. 细胞　　　　　　　B. 组织　　　　　　　C. 器官　　　　　　　D. 系统

   答案： A

   解释： 题干并未直接使用"生物体"这一术语，而是采用了"国槐"这一具体生物作为例子，来考查大家对细胞这一结构和功能单位的理解。

1.2　细胞分裂

概念本体　细胞分裂

概念释义　细胞分裂就是一个细胞分成两个细胞。

概念解读　你能够从一个小婴儿成长为现在这样的大个子，其中一个至关重要的原因是细胞在不断进行分裂。细胞分裂后，一个细胞会变成两个细胞，而不是三个或其他数量。那么，这个"1变2"的过程是如何完成的呢？首先，细胞核需要做好准备。细胞核中含有遗传物质，如果这些遗传物质在每次分裂时都一分为二，那么经过几次分裂后，遗传物质就会变得越来越少。因此，在分裂之前，这些遗传物质会加倍，以确保每个新细胞都能获得完整的遗传信息。这种加倍不是随意的，而是会像复印文件一样，精确无误地复制一份完全相同的遗传物质，这个过程称为复制。细胞核内的遗传物质会先进行复制加倍，随后，细胞质也会一分为二。在最终变成两个新细胞的过程中，动物细胞和植物细胞的分裂方式有所不同。动物细胞是通过细胞膜向内凹陷，最终缢裂开来形成两个新细胞。植物细胞则是在细胞中间先形成新的细胞壁和细胞膜，待它们完全长成后，两个细胞便自然分开。

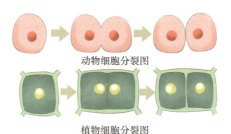

动物细胞分裂图

植物细胞分裂图

图 1.2-1　动物细胞和植物细胞的分裂方式

概念应用

　　细胞分裂在我们体内扮演着至关重要的角色，它是生物体生长、发育和繁殖的基础。不仅如此，在生物体的组织修复过程中，细胞分裂同样发挥着关键作用。例如，当我们不慎划伤皮肤时，伤口周边的细胞会通过分裂产生新的细胞，逐渐填补伤口，促进伤口愈合。这种修复机制不仅限于皮肤，我们体内的许多部位都依赖细胞分裂来进行修复。作为一个高效的"清洁工"，肝脏负责排出体内的有毒物质，若肝脏受损，其内部的细胞也会通过分裂来自我修复，恢复肝脏的健康状态。此外，血液中的细胞也有其生命周期，这时，我们骨髓中的造血干细胞便会分裂生成新的血细胞。造血干细胞堪称"万能细胞"，能够分化为红细胞、白细胞和血小板，维持正常的血液功能。

　　通常情况下，细胞分裂的次数是有限的，但细胞一旦癌变，其分裂过程就会变得异常。癌细胞是一种分裂不受控制的细胞，它们摆脱了正常生理机制的束缚，能够迅速增殖并形成肿瘤。同时，癌细胞与正常细胞之间的黏附性减弱，容易脱落。癌细胞脱落后，会随血液流动至全身，寻找合适的位置继续分裂，这就是癌细胞的转移过程。癌细胞的转移极为复杂，涉及穿越血管壁、进入血液循环，并在新的部位定居和生长。

　　科学家对细胞分裂的研究从未停歇。他们致力于揭示细胞分裂的精确机制，并探索如何通过调控这一过程来治疗疾病。在癌症治疗中，化疗药物和靶向疗法常常通过干扰癌细胞的分裂来达到杀灭癌细胞的目的。同时，科学家也在积极研究如何利用细胞分裂的原理来推动组织修复和再生医学的发展。

例题讲解

1. 蚕豆体细胞中含有 12 条染色体，蚕豆根尖细胞通过分裂实现细胞数量增加。下列相关叙述不正确的是（　　）。

　A. 根尖中存在着分生组织　　　　　　B. 染色体内有遗传物质 DNA

　C. 分裂后的新细胞染色体仍为 12 条　　D. 动物细胞分裂过程与此完全相同

答案： D

解释： 分生组织能够不断分裂产生新细胞，根尖能不断向下生长，其中就有分生组织（A）。染色体是遗传物质的载体，所以其上有 DNA（B）。分裂后的新细胞和原细胞一样，所以染色体数和原细胞也一样（C）。动物细胞分裂过程和植物细胞不尽相同，动物细胞分裂的最后一步是细胞膜向内凹陷，最后缢裂开。植物细胞则是在细胞中央形成新的细胞壁和细胞膜（D）。

2. 以下示意图为蛙的红细胞分裂过程的几个阶段，下列相关叙述错误的是（　　）。

甲　　　　　　乙　　　　　　　丙　　　　　　　　丁

　A. 该过程的顺序为"甲→乙→丙→丁"　B. 该过程中，染色体会进行复制

　C. 丁的染色体数目是甲的一半　　　　D. 新的红细胞与原细胞形态相似

答案： C

解释： 细胞分裂时，细胞核先一分为二，所以 A 选项的顺序正确。在细胞核分裂前，染色体要先复制加倍，B 选项正确。形成的新细胞和原细胞的遗传物质是一样的，所以丁的染色体数和甲应是一样，故 C 选项错误。

1.3　细胞分化

概念本体　细胞分化

概念释义　在个体发育过程中，一个或一种细胞通过分裂产生的子代细胞，在形态、结构和生理功能上发生差异性的变化，这个过程叫作细胞分化。

概念解读　细胞分化与细胞分裂是两个不同的过程。细胞分裂是指一个细胞一分为二，产生的新细胞与原始细胞在形态、大小以及功能上均保持一致。如果一个生物体仅仅进行细胞分裂，那么它将只能生成一堆完全相同的细胞，这显然无法满足生物体复杂的需求。相比之下，细胞分化则是一个使细胞在外观、内部结构乃至功能上产生差异性的过程。细胞分化并不会导致细胞数量增加，而是会促使细胞变得多样化。

概念应用

细胞的分化过程和分裂过程常常相伴，细胞分裂后往往伴随分化。因为只有细胞数量变多了，才有分化的可能，若是不分裂只分化，那么生物个体也无法长大。

在植物体内，细胞分化的主要部分广泛分布于各个生长阶段和组织中。根尖的分生区是一个细胞分裂活跃的区域，分裂出的细胞随后分化形成根的不同结构：向下形成保护根尖的根冠，向上形成伸长区的细胞，向外形成根的表皮。茎尖的分生组织，即生长点，同样活跃地进行细胞分裂，并最终分化形成枝条和花等复杂结构。此外，植物的茎之所以能不断加粗，也是因为这里有能不断进行细胞分裂与分化的区域。

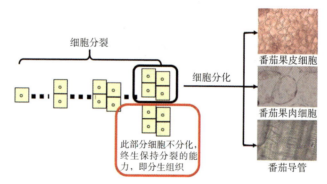

图 1.3-1　植物体中的细胞分裂和细胞分化

在动物体内，细胞分化主要集中在早期胚胎的发育过程中，以及成年后特定组织或器官的自我更新区域。胚胎发育期间，受精卵经过一系列快速而精确的细胞分裂与分化，逐渐形成具有不同形态、结构和功能的细胞类型，这些细胞进而组织成各种器官和系统。成年后，干细胞（如骨髓中的造血干细胞、小肠隐窝中的干细胞等）在特定微环境下能够持续分裂并分化为特定类型的细胞，以维持组织的稳态和修复损伤。例如，造血干细胞可以分化为红细胞、白细胞和血小板，以满足血液系统不断更新的需求。

至于单细胞生物，由于它们只有一个细胞，因此不具有细胞分化特性，但在某种程度上也能表现出类似细胞分化的特性，比如变形虫就能够根据环境条件的变化调整其内部结构和功能，这种现象有时被类比为细胞分化的一种简化形式。然而，这种变化并不涉及细胞物理上的分隔或形成多细胞结构，只是细胞内部基因表达程序的转换。

例题讲解

1. 右图所示为人的造血干细胞产生不同类型血细胞的过程，这一过程称为（ ）。

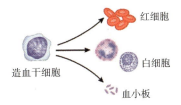

A. 细胞分裂　　　　B. 细胞分化

C. 细胞生长　　　　D. 细胞死亡

答案：B

解释：细胞分裂产生的新细胞和原细胞完全相同，而题干中却出现了多种类型的细胞，因此不属于细胞分裂（A）。细胞生长是指细胞体积的增大，也不涉及细胞种类的增多（C）。细胞分化才能产生多种细胞（B）。

2. 造血干细胞移植到白血病患者体内后，能给患者不断补充血细胞。下列关于造血干细胞的叙述错误的是（ ）。

A. 具有分裂和分化的能力　　　　B. 发育形成各种血细胞的过程称为分化

C. 形成的血细胞群属于结缔组织　　　　D. 与其发育形成的白细胞遗传物质不同

答案：D

解释：干细胞具有分裂和分化的能力，它们通过细胞分裂产生大量细胞，这些细胞随后分化成不同种类的血细胞。因此，A、B 选项正确。血液是结缔组织，血液中的细胞成分就是血细胞，因此可以认为血细胞是结缔组织，C 选项正确。细胞分化的结果并不会改变其遗传物质，所以 D 选项错误。

1.4　组织

概念本体　组织

概念释义　细胞分化产生了不同的细胞群，每个细胞群都是由形态相似、结构和功能相同的细胞联合在一起形成的，这样的细胞群叫作组织。

概念解读　什么是组织呢？想象一下，你手边有一堆积木，其中有些积木是长方形的，适合用来搭建房子的柱子；有些是正方形的，可能用来做墙；还有些是圆锥形的，正好可以用来搭建屋顶。当我们把这些形态相近、功能相似的积木归类放在一起，并排列成有序的形态，它们就构成了一个个"组织"。同样地，在生物体内，细胞也是根据它们的形态相似度和功能相似度被组织在一起的，从而形成了生物体的各种组织。

概念应用

在植物体中，存在多种类型的组织，以适应其生长和生存的需要。保护组织主要分布在植物体的表面，如叶表皮、茎表皮等，起到保护植物体免受外界伤害的作用。这些组织的细胞间排列得严丝合缝，且细胞壁较厚。薄壁组织是植物体内广泛分布的一种基本组织，主要负责储存营养物质和进行光合作用等生理功能。这类组织的细胞往往比较大，细胞壁很薄，液泡中储存有大量的营养物质，或含有丰富的叶绿体，来制造营养。输导组织则负责植物体内物质的运输，如导管和筛管等，它们的细胞首尾相接，形成长长的运输管道。分生组织具有分裂能力，能够不断产生新的细胞，从而促进植物体的生长。这类组织的细胞往往很小，与整个细胞体积相比，其细胞核就显得很大。机械组织则主要起到支撑和保护作用，使植物体能够保持一定的形态和稳定性，这类组织的细胞壁特别厚。

在动物体中，同样存在多种类型的组织。上皮组织主要覆盖在动物体的表面或体内管腔的内表面，起到保护和分泌等作用。结缔组织则广泛分布在动物体内，起到连接、支持和保护等作用，如骨骼、血液和淋巴等都属于结缔组织。神经组织则主要负责动物体的神经传导和调节功能，使动物体能够对外界刺激做出反应。肌肉组织则通过肌肉的收缩和舒张起到运动的作用。

例题讲解

1. 菠菜的叶肉细胞能够制造和储存有机物，其属于（　　　）。

　　A. 保护组织　　　　　B. 薄壁组织　　　　　C. 分生组织　　　　　D. 输导组织

　　答案：B

　　解释：先提取题干信息，"制造和储存有机物"和营养的获得和储存有关，因此可以直接选出 B。保护组织的作用是保护，分生组织的作用是不断分裂形成新细胞，输导组织的作用是运输，都不符合题意。

2. 胃能分泌胃液，还能通过蠕动促进食物与胃液的混合，这说明构成胃的组织至少包括（　　　）。

　　A. 上皮组织、肌肉组织　　　　　　B. 分生组织、结缔组织

　　C. 保护组织、神经组织　　　　　　D. 结缔组织、机械组织

　　答案：A

　　解释：胃能分泌胃液，"分泌"就是这里的第一个关键词，具有分泌功能的是上皮组织。"蠕动"则是这里的第二个关键词，在动物的组织中能起到这个作用的就是肌肉组织，具有收缩和舒张的功能。因此选择 A。

1.5 生物体的结构层次

概念本体 生物体的结构层次

概念释义 生物体的结构层次是指生物体从最基本的单元到复杂整体的组织方式。

概念解读 如何理解生物体的结构层次呢？我们可以将一个多细胞生物比作一所学校的学生群体，学生们并不是杂乱无章地散布着的。首先，学校会根据教育阶段的不同，划分为小学部、初中部和高中部，这有点类似于生物体中的不同系统或器官群。接着，在每一个学部内，又进一步细分为不同的年级，比如高中部通常分为一年级到三年级，这可以类比为生物体内的不同器官。而在每个年级中，又包含着多个班级，这些班级就如同生物体内的各种组织。更进一步，每个班级内部还会按照一定的方式划分为学习小组，这些小组中的学生就相当于是生物体内最基本的细胞单元。从学生到小组，再到班级、年级、学部，直至整个学校，这构成了学校的结构层次。同样地，生物体内也存在着类似的组织层次，从细胞到组织，再到器官、系统，直至整个生物体，形成了生物体的结构层次。这样的结构层次使得生物体能够高效、有序地进行各种生命活动。

概念应用

植物体和动物体的结构层次存在着一些差异。

对于植物体而言，细胞是构成组织的基础。植物体内共有五种主要组织，分别是保护组织、薄壁组织（也称基本组织或营养组织）、输导组织、分生组织和机械组织。这些不同的组织按照一定的次序排列组合，进一步构成了植物的器官。被子植物具备根、茎、叶、花、果实和种子这六大器官，其中根、茎、叶主要负责营养功能，称为营养器官；而花、果实、种子则与生殖相关，称为生殖器官。这些器官共同构成了完整的植物体。

对于动物体来说，细胞同样先构成组织。动物体内有四种主要组织，分别是上皮组织、结缔组织、肌肉组织和神经组织。这些组织按照一定的次序排列，构成了动物的器官，比如胃、大脑等。由于动物体的器官种类繁多，因此又进一步将能够共同完成一种或多种生理功能的多个器官，按照一定的次序组合在一起，形成了系统，如消化系统、神经系统等。这些系统相互协作，最终构成了完整的动物体。

当然，并非所有生物都拥有如此复杂的结构层次。单细胞生物，如草履虫、酵母菌、细菌等，它们的结构就相对简单，一个细胞就能构成一个独立的生物个体。

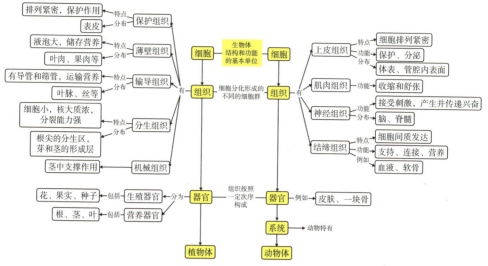

图 1.5-1　植物体和动物体的结构层次

📌 **例题讲解**

1. 从人体结构层次角度看，下列不属于器官的是（　　）。

   A. 血液　　　　　B. 肺　　　　　C. 肾脏　　　　　D. 胰腺

   答案：A

   解释：要解答这道题，关键在于熟悉器官与组织的区别。以肺为例，肺内有肺泡，它由单层上皮细胞构成；同时，肺内还遍布着大量的毛细血管，这些血管里流淌着血液。这样，肺内就至少包含了两种类型的细胞。因此，肺的结构层次被归类为器官。同理，肾脏和胰腺的结构也可以通过类似的方式推理分析。

2. 小京在笔记本上总结了某生物体的结构层次：细胞→组织→器官→生物体。下列与此相符的生物是（　　）。

   A. 蚯蚓　　　　　B. 啄木鸟　　　　　C. 海带　　　　　D. 番茄

   答案：D

   解释：从题干列的结构层次可以看到没有系统这个层次，因此动物可以排除。海带属于藻类，没有器官的分化，因此 C 选项排除，D 选项正确。

2 植物的生活

2.1 胚

概念本体 胚

概念释义 胚是新植物体的幼体，由胚芽、胚轴、胚根和子叶组成。

概念解读 胚是位于种子内部的结构。剥去种子的种皮后，我们就可以窥见胚的庐山真面目。在适宜的条件下，胚能够成长，最终发育成为新植物体。值得注意的是，不同植物的胚中，子叶的数量存在差异：有些拥有两片子叶，这类植物称为双子叶植物，例如图 2.1-1 所示的花生；有些则仅含一片子叶，这类植物被归类为单子叶植物，例如玉米、小麦、水稻等。

图 2.1-1　花生的果实、种子和胚

胚为何会被视为新植物体的幼体呢？以花生为例来看一下。花生种子中的胚根将发育成植物的根部；胚芽则成长为茎和叶；胚轴作为连接胚根与胚芽的桥梁，未来会演变成茎与根之间的连接部分；两片肥厚的子叶宛如小仓库，储存着丰富的营养，为胚根、胚轴和胚芽的发育提供必要的滋养。相比之下，单子叶植物在结构上略有不同，它们拥有一个专门负责储存营养的部分——胚乳。因此，在单子叶植物中，是由胚乳来给胚根、胚轴和胚芽提供养分，助力种子萌发。

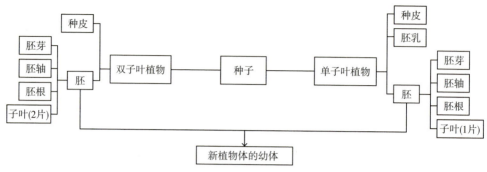

图 2.1-2　植物种子的结构

概念应用

　　你可能种过植物，在观察种子萌发时，或许会注意到，种子发芽后，种皮就会脱落。也就是说，发育成为植物的部分并非种皮，而是种皮里包裹的胚。为了让胚能够适时地萌发，需要具备一定的条件，如合适的温度、一定的水和充足的空气。但是，如果胚受损了，比如被小动物咬坏，或者是因时间太长而失去了活力，其中的细胞都已死亡，那么这个胚就无法萌发。

　　然而，事事都有例外。人们曾经从辽宁的普兰店发现了多颗埋藏千年的古莲子。出土后，科学家尝试种植，没想到古莲子竟然萌发了，并且成功开出了莲花。这又是为什么呢？

　　原来，古莲子之所以能够在千年之后仍然萌发，得益于其独特的生理休眠和顽强的生命力。古莲子的果皮和种皮非常坚硬，这种特殊的结构为种子内部的胚提供了极好的保护——即使在地下埋藏了千年，外皮依然能够阻挡外界的有害物质和微生物入侵，保持内部环境的相对稳定。同时由于土壤条件、水分含量和温度等环境因素的共同作用，古莲子便进入了一种深度的休眠状态。在这种状态下，种子的代谢活动极为缓慢，几乎停滞，从而有效地延长了其保存时间。当科学家将古莲子从土壤中挖掘出来，并给予适宜的生长条件时，这种深度的休眠状态被打破，种子的代谢活动重新启动，胚开始恢复活力并萌发。

　　此外，古莲子本身也可能具有一些特殊的生理机制，如抗氧化物质的积累、细胞结构的稳定性等，这些都有助于其在长时间的埋藏过程中保持生命力。因此，尽管古莲子经历了千年的沧桑岁月，但在适宜的条件下，它仍然能够焕发出新的生机，绽放出美丽的莲花。

例题讲解

1. 菜豆种子萌发过程中，发育成新个体的结构是（　　）。

   A. 胚　　　　　　　B. 胚芽　　　　　　　C. 子叶　　　　　　　D. 胚根

   答案：A

   解释：胚是新植物体的幼体，胚芽，胚根和子叶都只是胚的一部分。

2. 小林同学利用绿豆种子进行发豆芽的活动，下列叙述错误的是（　　）。

   A. 容器中需要放入适量的水　　　　　　B. 发豆芽过程需要适宜的温度

   C. 空气是绿豆种子萌发的环境条件　　　D. 种子萌发时胚芽最先突破种皮

   答案：D

   解释：种子的萌发需要一定的环境条件，如适量的水分、适宜的温度和充足的空气。在萌发过程中，胚根会首先突破种皮。可以这样理解：种子本身携带有子叶或胚乳，其中储存了大量的有机营养物质，因此植物在萌发初期主要缺乏的是水分和无机盐，而这两种物质需要从土壤中获取，所以胚根会优先萌发以吸收这些必需的物质。或者，从另一个角度来看，为了确保植物能在土壤中稳固生长，它首先需要扎根固定，因此胚根的萌发和生长是首要任务。

3. 右图是高粱籽粒结构示意图，其中种皮和果皮紧密结合，据图可知（　　）。

   A. ①是胚芽，④是胚根

   B. 胚由结构②③④组成

   C. 高粱籽粒就是种子

   D. 高粱属于单子叶植物

   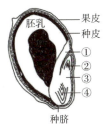

   答案：D

   解释：从图中可以清晰地观察到胚乳这一结构，胚乳的存在意味着这是一种单子叶植物，因此 D 选项（关于单子叶植物的描述）是正确的。题干中提到的"种皮和果皮紧密结合"这一特征，使得我们可以判断高粱籽粒既充当了种子的角色，又兼具了果实的身份（C）。在结构上，我们可以辨识出：①是子叶，②是胚芽，③是胚轴，④是胚根（A）。综合这些结构，我们可以确认胚是由①子叶、②胚芽、③胚轴和④胚根共同组成的（B）。

2.2 根尖

概念本体　根尖

概念释义　从根的顶端到生有根毛的一小段叫作根尖。

概念解读 根尖就是根的尖端，尽管看上去很短，但它其实是由多个各有千秋的"队员"组成的团队。从根尖的最顶端开始，首先是根冠，它像一顶保护帽，上面的细胞排列紧密，保护着根尖不受土壤磨损。紧接着是分生区，这里细胞分裂迅速，是根尖生长的动力源泉。再往里是伸长区，细胞在这里迅速伸长，让根能够不断向下探索。最后是成熟区，这里的细胞停止了伸长，开始分化形成根毛。根毛数量极多——在每平方毫米的成熟区表皮上，玉米约有420条根毛，豌豆约有230条根毛。这些根毛大大增加了植物吸收水和无机盐的表面积。它们共同组成的这个分工明确、协同作战的小团队就是根尖。

根尖

根毛

图 2.2-1　根尖与根毛

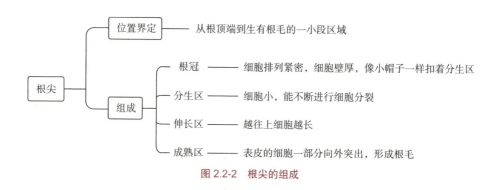

图 2.2-2　根尖的组成

概念应用

植物的根尖相当娇嫩，尤其是其上的根毛，作为根尖成熟区细胞的微小凸起，它们极易受损。在移植植物的过程中，保护根毛是至关重要的一环。因为一旦根毛被破坏，根部吸收水分的表面积就会大幅度缩减，对于刚被移植的植物而言，这无疑会严重影响其吸收水分和无机盐的能力，进而阻碍它们的正常生长。为了应对这一挑战，人们在移植树木时巧妙地想出了一个办法：避免将根与土彻底分离，尽量多地保留土壤，使根部形成一个大大的土坨。这样的做法仿佛为幼根和根毛穿上了一层"保护甲"，极大地提升了这些树木在移植后的成活率。

例题讲解

1. 根尖吸收水分和无机盐的主要部位是（   ）。

   A. 根冠　　　　　B. 分生区　　　　　C. 伸长区　　　　　D. 成熟区

   答案：D

   解释：成熟区具有根毛，能增大和土壤接触以及吸水的表面积。

2. 施加氮肥有利于草莓植株的生长，其根尖吸收氮肥的主要部位是（   ）。

   A　　　　　　　　B　　　　　　　　C　　　　　　　　D

   答案：C

   解释：此题和上一道题类似，考查根尖吸水的部位，但不同的是此题把文字换成了图片，因此寻找有根毛的选项即可。

2.3　芽

概念本体　芽

概念释义　芽是发育成万千枝条的结构，包括叶芽、花芽和混合芽。

概念解读　如果说胚是新植物体的幼体，那么芽就可以看作枝条和花的雏形。叶芽未来会成长为枝条，花芽则会发育成花或花序。至于那些既能发育成枝条又能发育成花的芽，我们称之为混合芽。那么，为何芽具有如此神奇的发育能力呢？以叶

芽为例，它包含幼叶、芽轴以及芽原基这些关键部分。幼叶在成长过程中会逐渐展开，变成真正的叶片；芽轴会茁壮成长，最终发育为茎；芽原基则是未来新芽的起点，它蕴含着无限的生长潜力。正是这些组成部分的协同作用，才使得叶芽能够逐步发育成繁茂的枝条。

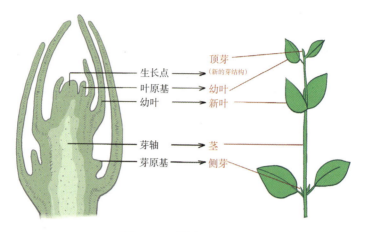

图 2.3-1　叶芽发育成枝条

概念应用

植物上的芽可以根据其位置被划分为两大类：顶芽与侧芽。

顶芽位于枝条的顶端，犹如引领生长的领导者，驱动枝条持续向上延伸；侧芽则分布在枝条侧面，如同辅助扩展的小成员，使枝条能够向四周蔓延，赋予植物更加繁茂的外观。这两类芽之间存在着微妙的作用关系。

具体来说，顶芽会分泌一种名为生长素的激素，该激素在低浓度时具有促进生长的效果，但一旦浓度过高，则会转变为抑制生长的因素。顶芽产生的生长素会向下传输，导致侧芽部位累积了较高浓度的生长素，进而抑制侧芽的生长速度。相反地，顶芽自身因不受此高浓度生长素的影响，能够保持良好的生长态势，迅速发育。这种现象，我们称之为"顶端优势"。

然而，在农业和园艺领域，有时候我们并不希望顶芽长得太好，而是想让侧芽更多地萌发并茁壮成长。这时该怎么办呢？一个简单的方法就是去掉顶芽，这样侧芽就能得到更多营养，长得更好。这种方法叫作"摘心"或者"打顶"。将这种方法用在果树上，可以让树形更好看，结出更多果实；用在茶树和桑树上，可以让低处的枝条长得更好，方便采摘；用在路边的树上，就可以让树荫面积更大。除了直接去掉顶芽，还有些神奇的药水也能让顶芽不再那么"霸道"，让侧芽有更多的机会生长。比如，在大豆种植中，人们就用了这样一种叫作三碘苯甲酸的植物生长抑制剂，效果非常好。这种方法，我们就叫它"化学去顶"。

图 2.3-2　顶芽与侧芽

例题讲解

右图为植物叶芽的结构示意图，下列相关叙述错误的是（　　）。

A. 叶芽中无分生组织

B. 叶芽可以发育成枝条

C. 植物茎的顶端有叶芽

D. 叶芽中的幼叶发育成叶

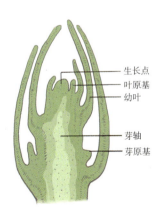

生长点
叶原基
幼叶

芽轴
芽原基

答案：A

解释：叶芽能发育成枝条，因此这里具有分生组织，所以 A 选项错误。

2.4　花和果实

概念本体　花和果实

概念释义　花和果实是被子植物特有的生殖器官。

概念解读 从生殖结构的角度来看，植物可以分为孢子植物和种子植物两大类。依赖孢子这种生殖细胞进行繁殖的植物种类有藻类、苔藓植物和蕨类植物。随着时间的推移，种子这种生殖器官出现了，并且形成了两个类群：一类是种子裸露在外，没有果皮包裹的裸子植物；另一类则是种子被果皮包裹的被子植物。果皮与种子结合形成的整体称为果实，果实是由花发育而来的结构。这也意味着，只有被子植物才同时具备果实和种子这两个器官。

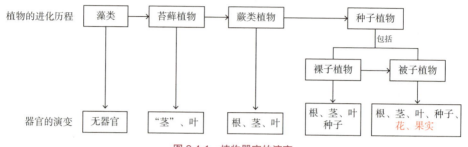

图 2.4-1　植物器官的演变

概念应用

"花褪残红青杏小"这句诗描绘了开花后结果的自然景象。那么，花是如何形成果实的呢？这要从花的结构讲起。

或许你对花最深刻的印象是那些美丽的花瓣，它们被绿色的萼片所环绕，而在花瓣之内则藏着花蕊。然而，并非所有的花都拥有这些完整的结构，例如柳树的花就缺少花瓣和萼片。不过，花瓣和萼片虽然可以缺失，花蕊却是花朵中必不可少的部分。这是为什么呢？

花蕊分为雄蕊和雌蕊：雄蕊的花药会产生花粉，花粉内含有精子；雌蕊则包括柱头、花柱和子房，子房中藏有胚珠，胚珠内含卵细胞。现在你应该明白了，精子和卵细胞是关键的生殖细胞，它们的结合能形成受精卵。受精卵的形成就像是启动了一个神奇的开关，促使受精卵努力发育成胚，胚珠再逐渐转变为种子，整个子房则慢慢演变成了我们所看到的果实。从这个发育过程来看，子房可以说是一个"尚未成熟的果实"，只不过它的成熟过程需要精子来触发或启动。

例题讲解

此部分例题与"传粉和受精"概念下的例题结合，统一进行讲解。

2.5 传粉和受精

概念本体 传粉和受精

概念释义 花粉从花药中散放而落到雌蕊柱头上的过程叫作传粉。胚珠里面的卵细胞与来自花粉管中的精子结合，形成受精卵的过程，称为受精。

概念解读 花朵绽放后，想要结出果实，就得经历传粉和受精这两个关键步骤，它们各有各的任务，顺序还不能乱。传粉就像递信，受精则是接收这封信并给出回应。传粉后不一定能成功受精，但要受精，必须先有传粉这一步。想象一下，花粉就像是带着重要信息的使者，它落到雌蕊的柱头上，就完成了传粉的任务。柱头也很聪明，它会分泌些黏液，这东西对花粉来说就像催化剂，能让花粉行动起来，长出一条细细的花粉管。这条花粉管就像是小使者走的秘密通道，它从柱头开始，一路向下，直达胚珠的门口——珠孔。在珠孔那里，花粉里藏着的精子终于见到了等待已久的卵细胞，它们一结合，就变成了受精卵，这就是受精的过程。

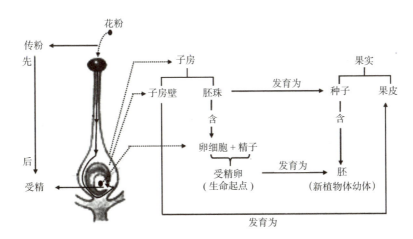

图 2.5-1 果实形成的过程

概念应用

自然界中，花粉要落到柱头上通常需要借助媒介，这些媒介往往是风或是某些昆虫，相应地，这些花也被称为风媒花和虫媒花。当然，除了风和昆虫，一些小型的鸟类，如太阳鸟或蜂鸟，同样能为植物进行传粉。

依赖不同媒介传粉的植物，它们的花朵形态也有所不同。风媒花通常拥有大量的花粉，这些花粉体积微小，且往往没有花瓣，这是因为它们依赖风力传粉，要求花粉轻盈。这种传粉方式不够精确，所以花粉数量要多。同时，这类花朵也不需要花瓣这样的结构。相比之下，虫媒花为了更好地吸引蜜蜂、蝴蝶等昆虫，往往拥有鲜艳的颜色或浓郁的气味，花粉颗粒较大，有的甚至还长有香甜的蜜腺，以此来酬谢传粉的昆虫。

如果缺乏传粉媒介，果实的收成就会受到影响。因此，在生活中，我们可以尝试人工为植物传粉，比如拿起一个小刷子沾上花粉，然后将花粉涂抹到柱头上。只有完成传粉，才有可能实现受精，进而结出果实。

例题讲解

1. 小林跟随老师来到宁夏，对"宁夏之宝"——枸杞展开了研究性学习。小林根据观察，做了如下记录。

枸杞花和果实的观察记录单

☆ 整体观察
- 花：花瓣呈淡紫色，有淡淡的香气。
- 果实：红色，口感微甜。

☆ 局部观察
- 去除部分花萼、花瓣后，可见花蕊。
- 雄蕊包括花丝和花药。
- 雌蕊下部膨大，纵剖后用放大镜观察内部结构，并与果实结构对比，绘制简图如下。

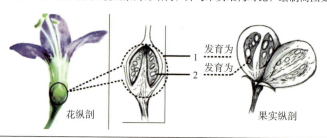

花纵剖　　　　　　　　　　果实纵剖

根据观察记录分析：

（1）枸杞可以通过 _____ 协助传粉。

（2）枸杞果实中的甜味物质主要储存于细胞质内的 _____（填结构名称）中。

（3）雌蕊下部膨大的部分是 [1]_____，内部有若干 [2] 胚珠，胚珠将会发育为

_____。

答案：（1）昆虫或传粉鸟类　　（2）液泡　　（3）子房　种子

解释：（1）从记录单中可以观察到，枸杞花拥有较大的花瓣，这些花瓣呈现出淡紫色并散发出香气。这些显著的特征都是为了有效地吸引传粉昆虫或鸟类，以确保繁殖的成功。（2）本题旨在考查对植物细胞结构的理解。在植物细胞中，液泡扮演着储存营养物质的重要角色。甜味物质作为一种营养物质，同样被储存在液泡中。除此之外，液泡还负责储存色素和水分。（3）图中标记为 [1] 的结构是雌蕊的一个重要组成部分，具体来说是子房的下部膨大部分。而标记为 [2] 的则是胚珠，胚珠在发育过程中将会形成种子。这一点可以从果实纵剖图中得到清晰的展示。

2. 山姜属植物普遍具有花柱卷曲运动的神奇现象。

（1）图 1 为山姜花结构示意图。雌蕊由柱头、花柱与① _____ 共同组成。雄蕊顶端②为 _____，内有花粉，并包裹在花柱外侧。柱头从结构上看，山姜花属于 _____（填"两性"或"单性"）花。

（2）如图 2 所示，②开裂释放大量花粉，此时花柱向上卷曲，_____（填"有利于"或"不利于"）柱头接受花粉，传粉昆虫会携带花粉离开。如图 3 所示，当花粉全部散落后，柱头位置改变，此时柱头接受昆虫身上携带的其他花的花粉。

图 1　　　　　　　　图 2　　　　　　　　图 3

（3）由于花柱的卷曲运动，山姜属植物实现了 _____（填"自花"或"异花"）传粉，使后代产生更多的变异类型。

答案：（1）子房　花药　两性　　（2）不利于　　（3）异花

解释：（1）本题考查了雌蕊与雄蕊的结构知识。雌蕊主要包含柱头、花柱和子房三部分，雄蕊则由花药和花丝组成。结合图 1 的信息，我们可以准确地填写出关于雌蕊和雄蕊结构的前两个空。若一朵花上同时拥有雄蕊和雌蕊，则称该花为两性花；反之，若仅含有雄蕊或雌蕊，则称之为单性花。通过观察图 2，我们可以发现，蜜蜂在进入花朵时实际上并未接触到柱头，因此可以判断这种情况"不利于"传粉。（3）解答这道题的线索源自题（2）。在图 3 中，我们可以看到山姜花的一个独特现象：它的柱头在花粉完全落尽后才朝下，这样的设计使得它能够接受到昆虫从其他花朵上带来的花粉，即实现异花传粉。题干的后半部分也进一步解释了异花传粉的好处，即通过这样的方式可以使后代获得更多的变异类型，因为接受来自不同花朵的花粉能够增加遗传的多样性。

2.6 导管和筛管

概念本体 导管和筛管

概念释义 导管和筛管是植物体内运输物质的结构，都属于输导组织。其中导管运输水和无机盐，筛管运输有机物。

概念解读 导管和筛管都是植物体内的输导组织，但它们在结构和功能上存在显著差异。导管由已经死亡的、仅保留细胞壁的细胞构成，这些细胞在纵向上相互贯通，形成了一条运输水分和无机盐的通道。导管的表面常常带有纹路，在显微镜下观察时，可以清晰地看到其呈现为带有螺纹的管状结构。在导管中，水和无机盐的运输并不需要消耗能量，而是依赖于蒸腾作用所产生的拉力。而在筛管中，相邻的筛管细胞之间通过孔洞相连，有机物正是通过这些孔洞进行运输的。

概念应用

导管与筛管不仅在结构和功能上存在差异，而且在植物体内的位置也各不相同。以木本植物的树干为例来说明，筛管位于树皮中靠近树干的外侧，这一区域称为韧皮部。相比之下，导管则位于树干的内侧，具体是在木质部区域。另外，它们负责运输的物质也不同。

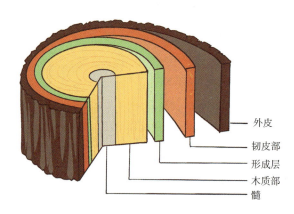

外皮
韧皮部
形成层
木质部
髓

图 2.6-1　木质部和韧皮部在树干中的位置

在日常生活中，我们有时会看到一棵小树正在"打吊针"的场景。这难道意味着小树生病了吗？其实不然，这通常是为了给小树输送营养液，而这些营养液主要包含水和无机盐。那么，此时输液的针头应该是扎在树皮区域，还是扎入树干较硬的木质部呢？想必大家已经猜到了，由于目标是让营养液进入导管，因此针头需要扎得更深一些，通常会深入树皮下 3~5 厘米的位置。

海南、云南和广东这三个省份是我国的主要橡胶产地。橡胶的用途广泛，是一种重要的有机物。因此，如果你需要从橡胶树的树干上采集橡胶，正确的做法应该是割开树皮，这样就可以顺利地收集到橡胶了。

图 2.6-2　"打吊针"的小树

图 2.6-3　割橡胶

例题讲解

生活在荒漠中的胡杨，一棵成年大树的茎、叶每年能排出数十千克的盐碱，能起到"拔盐改土"的作用，堪称土壤改良的功臣。下列关于胡杨的叙述错误的是（　　　）。

A.无机盐主要靠根尖成熟区吸收　　B.运输无机盐的动力来自蒸腾作用

C.无机盐可通过筛管运输　　　　　D.胡杨能适应环境也能影响环境

答案：C

解释：筛管和导管运输的物质不同，导管运输水和无机盐，筛管运输有机物，因此C选项错误。

2.7 蒸腾作用

概念本体 蒸腾作用

概念释义 水从活的植物体表面以水蒸气的状态散失到大气中的过程叫作蒸腾作用。

概念解读 蒸腾作用描述的是植物体内的水分以"隐形"的水蒸气形态逃逸至大气中的现象。这如同我们在炎炎夏日里出汗一般，只不过植物的"汗水"是无形的水蒸气，难以察觉。那么，这一奇妙过程究竟是如何展开的呢？追溯植物体内水分的源头，我们不难发现，这一切都始于植物的根部。根毛犹如微小的吸水器，它们吸收水分后，通过根尖成熟区的导管网络，将这些宝贵的水分源源不断地输送至茎部。随后，茎中的导管继续扮演传输者的角色，将水引领至叶片等部位。然而，水分又是如何从叶片的表层逸散而出的呢？这就不得不提到叶片上下表皮上那些微小却又至关重要的气孔了。气孔，这道水蒸气的专属"逃逸之门"，实际上是由两个半月形的保卫细胞围成的小孔。当这两个保卫细胞的形态与大小发生微妙变化时，气孔便可以开启与关闭。通常来讲，在夜晚的时候，植物的生理活动减弱，蒸腾作用也随之减弱。

概念应用

蒸腾作用一天内散失的水量相当可观，植物所吸收的水分大约有 99% 都以水蒸气的形式散失到了空气中。如果你想亲眼观察这一现象，可以尝试进行一个简单的实验：将一个透明的塑料袋罩在植物上，并让其在阳光下照射。不久之后，你便能在塑料袋的内壁观察到一些细小的水珠。但请注意，塑料袋不应罩住整个花盆，因为这样便无法确定水汽是来自植物本身还是土壤，从而混淆实验结果。

植物千辛万苦地吸收了大量水分，为何又要散失掉大部分呢？这究竟是不是一种浪费呢？我们都知道水往低处流的自然规律，但在植物体内，水却能逆向而上。原来，正是蒸腾作用这股无形之力，为水分从根部攀升提供了动力，在这过程中，还顺带将无机盐也一同向上输送。因此，尽管只有 1% 的水分被植物直接利用，但植物为此散失掉了 99% 的水分。

此外，从叶片表面散失的水蒸气在离开时，还起到了为叶片降温的作用。你一定也有过这样的体验：刚洗完澡时，尽管室内温暖，你却会感到阵阵凉意，这就是因为水分的蒸发带走了热量。因此，如果在炎热的夏季走进森林，你会觉得温度一下子就降下来了。其原因一方面是树冠有遮阴的效果，另一方面就是蒸腾作用带走了热量，并且还提高了空气湿度。在"遮阳伞"和"加湿器"的双重作用下，森林植被通过影响太阳辐射，借助蒸腾作用来调节森林内部的温度变化。而植物的蒸腾作用也以其微弱但不可或缺的力量，参与了整个生物圈中宏大的水循环过程。

例题讲解

1. 从同一株植物上剪下两根长势相近的枝条，进行如右图所示的处理。将装置放在适宜条件下，数小时后发现甲装置塑料袋壁上的水珠比乙多。下列相关叙述错误的是（　　）。

A. 甲乙装置的不同之处是有无叶片

B. 油层可以防止量筒内水分蒸发

C. 数小时后乙装置液面比甲低

D. 实验说明水分可通过叶片散失

答案：C

解释：这个实验旨在验证蒸腾作用的主要器官是叶。因此，实验中的甲乙两个装置分别设计为有叶和无叶（A）。在实验中，量筒内添加了油层，目的是防止水分从量筒表面蒸发，确保水分只能通过植物体（特别是叶片）进行蒸发（B）。由于乙装置没有叶片，其蒸腾作用相对较弱，因此可以预测，在一段时间后，乙装置中的液面应该会高于甲装置中的液面（C）。最后，通过比较甲乙两个装置的液面高度差别，我们可以得出结论：水分确实可以通过叶片散失，这进一步证明了叶是蒸腾作用的主要器官（D）。

2. 2022 年 5 月，我国科考队发现的一株高达 83.2 米的冷杉，刷新了中国最高树木纪录。水从该植株根部运输到茎顶端的主要动力是（　　）。

A. 呼吸作用　　　B. 光合作用　　　C. 蒸腾作用　　　D. 吸收作用

答案：C

解释：本题旨在考查蒸腾作用如何为植物体内水和无机盐的运输提供动力（或拉力）。

3. 蒸腾作用是植物体重要的生理活动之一。以下相关叙述错误的是（　　）。

A. 水可以通过叶片的气孔散失到大气中

B. 蒸腾作用为水和无机盐运输提供动力

C. 蒸腾作用有助于降低叶片表面的温度

D. 植物在不同条件下蒸腾速率是相同的

答案：D

解释： 本题旨在考查蒸腾作用的意义。首先，蒸腾作用的定义就是水蒸气通过叶片散失到大气中的过程，因此 A 选项正确。对于植物而言，蒸腾作用具有多重意义：它提供了运输水分和无机盐所需的动力（B），同时也有助于降低叶片表面的温度，防止过热（C）。然而，需要注意的是，蒸腾作用的速率在不同条件下是有所差异的。例如，相较于白天，夜晚由于光照减弱、气孔关闭等因素，植物的蒸腾作用会相应减弱。因此，D 选项中关于蒸腾作用在任何条件下都保持不变的表述是错误的。

4. 右图为显微镜下蚕豆叶下表皮气孔的开闭状态，下列叙述正确的是（　　）。

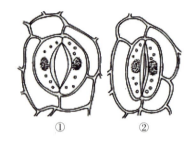

①　　　　　　②

A. ①状态数量多，不利于植物进行呼吸作用

B. ①状态数量多，有利于植物进行光合作用

C. ②状态数量多，有利于植物进行蒸腾作用

D. ②状态数量多，有利于水和无机盐的运输

答案： B

解释： 气孔是水蒸气和气体进出的"门户"，因此当气孔张开时，不仅会让蒸腾作用变强，而且有利于植物进行呼吸作用和光合作用。基于这一点，我们可以判断 B 选项正确。

2.8　生物圈中的水循环

概念本体　生物圈中的水循环

概念释义　水循环是指自然界中的水在地球表面和大气之间通过蒸发、凝结、降水、径流等环节连续不断地运动和转化的过程。

概念解读　想象一下，你站在一个巨大的、永动的"水轮子"旁边。它不停地转啊转，把地球上的水从这儿搬到那儿，再从那儿搬回来，一直不停歇，这就是生物圈中的水循环。它是如何搬运这些水的呢？首先需要一个热源，那就是太阳。太阳照在大海、湖泊、河流这些水多的地方，水就开始热起来，慢慢地变成了看不见的水蒸气，飘到空中。植物的蒸腾作用也是其中的一部分。这就像你烧开水时，锅盖上的水珠变成了水汽一样。这个过程，我们称之为"蒸发"。水蒸气升到天上后，一旦天气变冷，它们就会聚集在一起，形成云。云里有水滴，也有冰晶，具体呈现什么状态完全取决于天气的寒冷程度。这个水滴或冰晶聚集的过程，我们称之为"凝结"。然后，云越积越多，越来越重，最后它们撑不住了，开始下雨、下雪或者下冰雹，这就是"降水"。这些水落到地面后，一部分被植物的根吸收，一部分渗到地下变成地下水，还有一部分顺着地势流走，形成小溪、河流，最后又回到了大海里。这个过程，我们叫它"径流"。所以，简单来说，水循环就是这样一个过程：水先被太阳蒸发到空中，然后在天上凝结成云，接着通过降水的形式返回到地面，最后再通过径流流回大海或其他水体里。这个过程始终在不断地循环往复，从未有过停歇。在这个浩渺而壮观的水循环中，植物以其独特的蒸腾作用和根部吸水功能，积极地参与其中，发挥着重要作用。

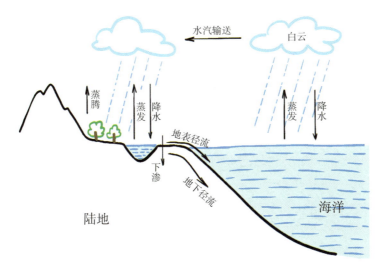

图 2.8-1 水循环

概念应用

　　水循环对于生物圈来说有什么意义呢？首先，水循环可以调节气候。海洋蒸发的水汽被输送到陆地，形成降水，同时通过蒸发吸热和凝结放热调节大气温度，让气候变得温和。它还能增加空气湿度，使沿海地区湿润，内陆地区相对干燥。其次，水循环能够塑造地貌形态。地表径流的侵蚀、搬运和堆积作用形成了河流、三角洲等地貌；地下水的溶蚀作用造就了溶洞等喀斯特地貌。最后，水循环更新了地球上的水资源。降水补充了地表水和地下水，而地表径流又将水带回海洋，使淡水资源得以持续供应。在这个过程中，它还能促进物质迁移和能量转换，比如将陆地的矿物质带到海洋，同时通过蒸发和降水过程调节地球的能量平衡。

　　在水循环过程中，植物扮演着极其重要的角色。它们将大量水分从根部吸收后，通过蒸腾作用，以水蒸气的形式释放到大气中，这不仅增加了大气湿度，还能促进形成云层和降水，为地表带来更多水资源。同时，植物的根系像天然的"锚"一样，牢牢固定土壤，防止水土流失。它们能增加土壤的孔隙度和透水性，让雨水更容易渗入地下，补充地下水，减少地表径流的形成，有效降低洪水的发生频率和强度。此外，植物自身就像一个个小型的"水库"，能够储存水分，为自身和其他生物提供稳定的水源。在生态系统中，植物还能通过吸收和过滤污染物净化水质，维持生态平衡，为其他生物创造良好的生存环境。可以说，植物是水循环中不可或缺的"绿色守护者"，为地球的生态健康和水资源的可持续利用发挥着关键作用。

例题讲解

在生物圈的水循环中，森林犹如"绿色水库"，"雨多它能吞，雨少它能吐"，具有良好的水土保持能力。下图为植物的水循环示意图（其中 A,B,C 代表植物的不同生理作用），请据图分析回答：

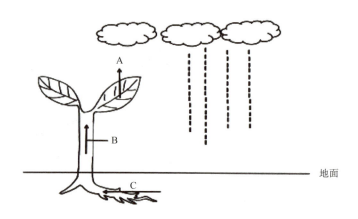

水循环示意图

（1）图中 C 表示植物的 _____ 作用，该过程能使植物从土壤中获得水和 _____。

（2）从土壤中吸收的水分通过茎中的 _____ 向上输送，该过程的动力主要来自植物的 A_____ 作用。进行该过程的主要器官是 _____。植物通过该器官上 _____ 的开闭来调节水分散失，进而促进生物圈中的水循环。

答案：（1）吸收 无机盐　（2）导管 蒸腾 叶 气孔

解释：植物通过蒸腾作用积极参与了生物圈的水循环。这一过程起始于根部对水和无机盐的吸收，随后这些物质顺着茎中的导管向上运输。到达叶片后，水蒸气经由叶上的气孔散失到大气中，从而参与到水循环过程中。

2.9 光合作用

概念本体 光合作用

概念释义 光合作用是植物通过叶绿体利用光能，将二氧化碳和水合成为储存着能量的有机物（如淀粉），并且释放出氧气的过程。

概念解读 植物的叶肉细胞宛如一个个小工厂，它们内部拥有名为叶绿体的"车间"。这个车间具备一种独特的能力，即将光能——或称太阳能——转化为另一种形式的能量（化学能）储存起来。那么，它是如何实现这一转化的呢？这一过程需要两种原料：二氧化碳和水。还记得叶片上的气孔吗？二氧化碳正是通过这些气孔进入叶片细胞间隙，随后扩散至叶肉细胞的。水则是由根部从土壤中吸收上来的。叶绿体这个"车间"将二氧化碳和水混合在一起，并借助光能，运用一种特殊的"魔法"，将这些原料转化为有机物，其中最常见的就是淀粉。原本输入的光能也被转化为化学能储存在这些淀粉中。二氧化碳和水是无机物，淀粉则属于有机物。因此，可以说光合作用是一个物质"从无到有"的创造过程。淀粉在植物体内可能被自身消耗，可能被储存起来，或者转化为其他物质。正因为植物能够产生淀粉这样的有机物，它们才能逐渐生长。此外，这个过程中还产生了一个副产品——氧气。氧气对人类和其他生物至关重要，是我们的呼吸所需。植物通过光合作用为自己制造食物，这些食物促使植物不断生长，并且进一步提供给自然界中的其他生物，同时还为我们提供了氧气。你说植物是不是很神奇？

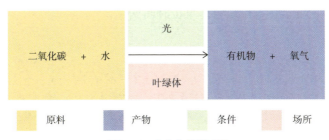

图 2.9-1 光合作用的过程

概念应用

我们可以通过增强光合作用来提升作物的产量，因为光合作用能够制造有机物。以下是几种增强光合作用的方法：

1. 增加光照。这可以通过延长光照时间或增大光照强度来实现。在一些大棚种植中，会采用补光措施，而补充的光多为红色光。

2. 适当提升二氧化碳的浓度。由于空气中二氧化碳的浓度相对较低，而二氧化碳是光合作用的必要原料，因此适当提高其浓度可以增强光合作用。二氧化碳也因此被称为"气体肥料"。如果无法直接补充二氧化碳，确保良好的通风也是一个有效的替代方案。

3. 合理密植。为了使光照的利用效率最大化，作物间的种植密度需要适宜。种植过密会导致叶片相互遮挡，影响光合作用，过稀则可能浪费光照资源。

4. 间作套种。考虑到不同作物对光照的需求差异（如喜阴植物与喜阳植物），以及它们的生长高度，我们可以采用间作套种的方式。玉米和红薯的套种就是一个很好的例子。

例题讲解

1. 某同学利用如图所示装置研究黑藻的光合作用，以下有关该实验的叙述错误的是（ ）。

A. 本实验可以探究黑藻的光合作用是否能够产生氧气

B. 乙装置的作用是排除黑藻和光照对实验结果的影响

C. 甲装置中收集到的气体可以使带火星的小木条复燃

D. 光照强度改变会影响甲装置内单位时间气泡产生量

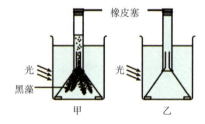

答案：B

解释：从甲乙两个装置的对比来看，主要区别在于一个有黑藻而另一个没有。因此，这个对比实验旨在验证植物在光照下能否产生氧气。所以，A 选项正确。至于 B 选项，其说法中多出了"光照对实验结果的影响"，这一表述是不正确的。因为两个装置都置于光照条件下，所以无法单独说明光照对于实验结果的具体影响。故 B 选项错误。由于植物在光照条件下产生的气体是氧气，而氧气具有助燃性，因此 C 选项正确。光照增强，光合作用也会增强，具体表现为产生的氧气量增多，所以观察到的气泡产生量也会相应变多。

2. 垂柳和旱柳是北京地区常用的造林和绿化树种。为选育优良柳树品种，园林工作者进行相关研究，测定两种柳树幼苗的光合速率，结果如图所示。

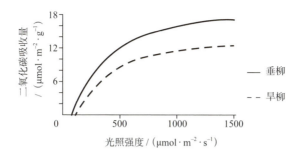

（1）测定并记录单位时间、单位叶面积的____量，以此测算光合速率。

（2）据图可知，在一定范围内，随光照强度的____，两种柳树幼苗的光合速率均逐渐增加。在相同光照强度下，____的光合速率更高，利于合成更多____，因此生长更快，更适合作为造林和绿化树种。

答案：（1）二氧化碳吸收　　（2）增强　垂柳　有机物

解释：（1）光合作用的原料之一是二氧化碳，因此二氧化碳吸收量可以用来衡量光合作用的速率。同样地，氧气的产生量也是光合作用速率的一个衡量指标。除了这些判断方法外，从图中我们还可以直接获取到一个重要信息——纵坐标表示的是二氧化碳吸收量，这是解题的一个关键线索。（2）随着光照强度的增强，两条曲线均呈现上升趋势。然而，垂柳的曲线位置高于旱柳，这表明在相同光照条件下，垂柳的光合作用强度更大，光合速率更高。光合作用越强，产生的有机物也就越多。因此，可以推断出垂柳产生的有机物量相对较多。

3. 景宁木兰为濒危物种，科研人员对其幼苗在不同光照强度下光合作用的季节变化及适应机制进行了研究。下列叙述错误的是（　　　）。

A. 景宁木兰进行光合作用的场所是叶绿体

B. 实验中幼苗种植的土壤和水分条件应适宜

C. 秋季种植景宁木兰时最适光照强度为 40%

D. 夏季遮阴程度越高越适合景宁木兰的生长

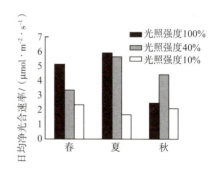

答案：D

解释：A 选项与情境无直接关联，它考查的是光合作用的场所是叶绿体这一知识点。B 选项同样与情境不紧密相关，它是一个常识性问题，阅读后即可知晓其正确性。C,D 选项需要结合柱形图的数据来分析。在秋季，当光照强度为 100% 时，其对应的光合作用速率在纵坐标上的数值反而低于 40% 光照强度时的数值，这说明在秋季，40% 的光照强度便足以满足景宁木兰的光合作用需求。而在夏季，无论是 100% 还是 40% 的光照强度下，光合作用速率都很高，相反地，在 10% 的光照强度下，光合速率是较低的。这表明在夏季，遮阴程度越高，越不利于景宁木兰的生长。

2.10　呼吸作用

概念本体　呼吸作用

概念释义　细胞利用氧气，将有机物分解成二氧化碳和水，并且将储存在有机物中的能量释放出来，供给生命活动的需要，这个过程叫作呼吸作用。呼吸作用主要在线粒体中进行，其实质是有机物分解，释放能量。

概念解读　如果把人体比作小汽车，那么呼吸作用就如同汽车烧油的过程。我们吸进氧气，吃进食物，就像汽车加上油；身体里的细胞"燃烧"氧气和食物，就像汽车发动机烧油。在这个"燃烧"的过程中，身体会产生能量。能量对于人体的重要性，就像动力对于汽车的重要性。同时，这个过程中还会产生像汽车尾气一样的二氧化碳等物质，这些物质非人体所需，所以会被排出体外。

概念应用

呼吸作用是生物的共同特征，其实质都是有机物分解，释放能量。任何活细胞都在不停地进行呼吸作用，一旦呼吸作用停止，就意味着生命的终结。呼吸作用的过程可以用下式表示：

$$\text{有机物}_{(\text{储存能量})} + \text{氧气} \xrightarrow{\text{线粒体}} \text{二氧化碳} + \text{水} + \text{能量}$$

整个过程在线粒体中实现了物质的转变和能量的转化：有机物在氧气的作用下，被分解成无机物二氧化碳和水；储存在有机物中的化学能被释放出来，成为生物可以直接利用的能量。

在不同细胞、不同的生命时期，呼吸作用的强弱有所差别。生命活动越强，呼吸作用越旺盛。因此，呼吸作用的强弱可以反映生命活动的强弱。我们可以通过检测呼吸作用产生的二氧化碳量，判定呼吸作用的强度。对二氧化碳的检测可以使用澄清石灰水定性检测，因为澄清石灰水中通入二氧化碳会变浑浊。当然，我们也可以选择利用更精准的二氧化碳测定仪进行二氧化碳的定量检测。

呼吸作用的强弱影响着植物体的生长发育，关系到农作物的产量和品质。因此，在农业生产实践中，有很多增强或减弱呼吸作用以帮助植物更好生产的举措。例如，在播种时需要深耕土壤，防止土壤板结，并且浇水不要过多，防止影响植物根的呼吸作用，保证植物根有充足的能量吸收水和无机盐。同时，为了增加作物产量，我们可以适当抑制植物的呼吸作用。例如，新疆吐鲁番地区的水果相对更甜，有机物积累量更多，是因为当地昼夜温差大，夜晚温度低，植物呼吸作用减弱，自身消耗的有机物少，所以积累量就更多。因此，储存粮食时要尽量保持干燥和低温，储存新鲜瓜果蔬菜时也要尽量降低温度或氧气浓度，这些都是降低呼吸作用以保证食物品质的方法。

例题讲解

1. 下列措施能够促进植物呼吸作用的是（　　）。

  A. 作物播种前先松土   B. 将葡萄晒成葡萄干

  C. 用保鲜袋储存蔬菜   D. 将果蔬置于冰箱中

答案：A

解释：作物播种前先松土，能够增加氧气浓度，从而促进呼吸作用，所以 A 选项正确。将葡萄晒成葡萄干，使得水分大量减少，从而抑制呼吸作用（B）。用保鲜袋储存蔬菜，袋内的氧气减少，从而抑制呼吸作用（C）。将果蔬置于冰箱中，温度降低，从而抑制呼吸作用（D）。

2. 马铃薯块茎储存不当会降低其食用价值。研究者要研发一套监控系统，以实时控制马铃薯贮藏条件。该系统需监控的环境条件及原因分析，下列叙述错误的是（　　）。

  A. 温度——低温抑制块茎发芽   B. 湿度——过大易引起微生物滋生

  C. 二氧化碳——高浓度促进呼吸作用   D. 氧气——低浓度抑制呼吸作用

答案：C

解释：温度能影响呼吸作用，低温能抑制块茎发芽（A）。微生物的滋生需要适量的水分、适宜的温度和有机物，湿度过大易引起微生物滋生（B）。在蔬菜和水果的保鲜中，增加二氧化碳的浓度也具有良好的保鲜效果，即高浓度二氧化碳能抑制呼吸作用，所以 C 选项错误。降低氧气浓度，能够抑制呼吸作用（D）。

2.11　碳氧平衡

概念本体　碳氧平衡

概念释义　生物的呼吸作用不断消耗氧气，向生物圈中排放二氧化碳。自然界中的有机物在分解的过程中也不断地消耗氧气，排出二氧化碳。人类的生活和生产会消耗各类燃料以获得所需的能量，而燃料在燃烧过程中也会消耗大量氧气，排出大量二氧化碳。但在整个生物圈中，绿色植物通过光合作用不断消耗大气中的二氧化碳，又将氧气释放到大气中，因此整个生物圈中的二氧化碳和氧气相对平衡，简称碳氧平衡。

概念解读 如果把地球想象成一个大大的"空气游乐场"，那么植物就是游乐场里的"氧气制造机"，它们吸收二氧化碳，释放氧气，就像在给游乐场补充新鲜空气。而人和动物呢，就像游乐场里的"小玩家"，要吸入氧气，呼出二氧化碳。当"制造机"和"小玩家"配合得刚刚好，游乐场里的氧气和二氧化碳就达到了平衡，这个平衡状态就叫碳氧平衡。此时，我们就能在这个"空气游乐场"里畅快玩耍了。

概念应用

近代以来，随着工厂、汽车、飞机、轮船等迅速增多，人类大量使用燃料，排入大气的二氧化碳量日益增加，已经出现超过生物圈自动调节能力的趋势。大气中二氧化碳浓度的不断增加，对气候的影响也日益加剧，导致温室效应愈演愈烈，全球冰川加速融化，干旱和洪涝灾害频繁，全球许多地方都出现气候异常。

因此，保护碳氧平衡刻不容缓，已经成为全球人民的共识。《京都议定书》于1997年提出碳交易和碳抵消概念后，全球范围内逐步形成了碳中和共识。2015年，《巴黎协定》进一步明确了将全球平均气温升幅控制在 2 ℃以内的目标，并鼓励各国制定碳中和路线图。所谓碳中和，是指国家、企业、产品、活动或个人测算一定时间内直接或间接产生的二氧化碳或温室气体排放总量，通过植树造林、节能减排等形式抵消自身产生的二氧化碳或温室气体排放量，实现正负抵消，达到相对"零排放"。

实现碳中和主要有四条路径。

1. 减排措施：通过使用清洁能源（如风能、太阳能）、提高能源效率、改进工业工艺等方式减少温室气体排放。

2. 碳捕获、利用与封存（CCUS）：捕获生产过程中产生的二氧化碳并将其封存于地下或其他地方，以减少大气中的温室气体。

3. 碳汇增加：通过植树造林、土壤管理、海洋碳汇等方式吸收大气中的二氧化碳。

4. 碳交易：通过购买碳信用额度来补偿难以避免的排放，从而实现整体碳中和。

我们每个人也可以做出力所能及的贡献，如保护花草树木、植树造林、绿色出行、减少一次性餐具和一次性塑料制品的使用等。碳中和不仅是应对气候变化的重要手段，也是推动全球可持续发展的关键目标。通过国际合作、技术创新以及个人和社会的共同努力，我们有望逐步实现这一目标，为后代创造一个更加绿色、低碳的世界。

例题讲解

1. 北京冬奥会践行"绿色奥运"理念，实现了碳中和，即二氧化碳等温室气体的排放和消耗之间达到平衡。下列做法能够消耗大气中二氧化碳的是（　　）。

A. 植树造林　　　　　　　　　B. 建筑材料回收利用

C. 风能发电　　　　　　　　　D. 倡导绿色出行方式

答案：A

解释：生物圈中能够消耗大气中二氧化碳的生命活动是绿色植物的光合作用，绿色植物通过光合作用释放氧气，不断吸收大气中的二氧化碳，维持了生物圈中碳氧的相对平衡。因此，植树造林能够消耗大气中二氧化碳，A 选项正确。建筑材料回收利用的过程会增加碳排放，不能消耗大气中二氧化碳（B）。风能发电、倡导绿色出行方式可减少碳排放，但不能消耗大气中二氧化碳（C,D）。

2. 许多地方目前都有发布碳中和相关的微信小程序，市民可随时记录自己的"碳足迹"。以下行为不利于减少碳排放的是（　　）。

A. 经常使用一次性餐具　　　　B. 节约生活用水

C. 夏季空调温度调高 1℃　　　D. 进行垃圾分类

答案：A

解释：使用一次性筷子、一次性纸杯等一次性餐具，会造成木材和纸张的浪费，大量利用植物，不利于减少碳排放，所以选 A。节约生活用水，夏季空调温度调高 1℃，进行垃圾分类，这些都是节能减排、利于减少碳排放的良好行为。

3 生物与环境（初级篇）

3.1 生态因素

概念本体 生态因素

概念释义 环境中影响生物生活和分布的因素就是生态因素。

概念解读 想象一下，你是一棵小树苗，周围有许多因素会影响你是否长得苗壮，这些就是生态因素。比如阳光：如果阳光充足，你就会长得绿油油的，十分强壮；但如果没有足够的阳光，你可能会长得又弱又慢。再比如水：水太多了，你可能会因为根部缺氧而死，水太少了，你又会因为缺水而死。除了非生物类的因素，还有一些生物类的因素也很重要，比如动物和人类。小昆虫可能会来吃你的叶子，周围的树木会同你争夺阳光和土壤中的水等。所以，生态因素就是所有会影响生物生长和生活的因素，既包括非生物因素，也包括生物因素。

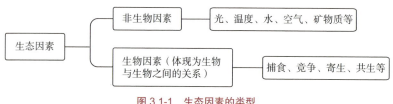

图 3.1-1 生态因素的类型

概念应用

非生物因素对植物的分布和生活有着显著影响。例如，干旱地区与热带雨林地区的植物类型就截然不同。干旱地区的植物种类和数量远远少于热带雨林地区，这主要归因于水分条件的差异。例如，诗句"人间四月芳菲尽，山寺桃花始盛开"所描绘的景象，山下的花朵已经凋谢，山上的桃花却刚刚绽放，这正是山下和山上的温度差异导致了花期的不同。

动物同样受到非生物因素的影响。在温暖环境下孵化出的小乌龟大多是雌性，而在温度较低时孵化出的小乌龟则多为雄性，这显示了温度对乌龟性别的影响。此外，养鸡场常常在夜晚也保持灯火通明，这是为了利用光照来刺激母鸡产蛋，提高产蛋量。

同时，生物因素的影响也不容忽视。生物因素指的是能影响某种生物生活的其他生物。在麦田里，杂草会与小麦竞争阳光、土壤中的水和无机盐等资源，而蝗虫则会直接啃食小麦。这类竞争、捕食关系对小麦的生长构成了威胁。生物之间不仅存在竞争、捕食关系，还有共生、寄生等现象。在共生现象中，豆科植物与根瘤菌的共生关系堪称经典。根瘤菌生活在豆科植物的根部，形成球状瘤。豆科植物能够依靠根瘤菌将空气中的氮气转化为含氮的无机盐供给自身，植物自身光合作用产生的有机物则提供给根瘤菌。这两种生物相互依存，离开了对方都难以生存。寄生则是一种生物生活在另一种生物的体内或体表，并从中获取营养物质的现象。寄生虫的出现往往会对寄主造成损害，影响寄主的健康和生活。

非生物因素和生物因素共同影响着生物的分布和生活，所以生物生活在这个环境中，要适应环境才能存活下去。在漫长的相互作用中，生物在不断进化，而环境也被生物影响着。正是这种密切且复杂的相互作用，构筑了我们今天所看到的多姿多彩的世界。

例题讲解

1. 下列关于生态因素的叙述中，错误的是（　　　）。

　A. 生态因素是指影响生物生活和分布的因素

　B. 生态因素分为非生物因素和生物因素两大类

　C. 非生物因素包括阳光、温度、水、空气和矿物质等

　D. 生物因素是指以某生物为食的其他所有生物

答案：D

解释：D选项的说法狭隘地看待了环境中其他生物对生物的影响。除了捕食这个关系外，还存在着竞争、寄生、共生等关系。因此D选项是错误的。

2. 在我国的传统文化中，有这么一句农谚：清明前后，种瓜点豆。这体现了影响农作物生长的生态因素主要是（　　　）。

　A. 水　　　　　　　B. 温度　　　　　　　C. 土壤　　　　　　　D. 光照

答案：B

解释：清明前后气温回升到适合农作物播种的温度。虽然清明时节往往雨水增多，但从种瓜点豆主要依赖的生态因素来说，温度是更关键的因素，因为种子萌发需要适宜的温度等

条件。题干强调的是"清明前后"这个时间节点的主要影响因素，从农业生产实际角度理解是温度影响播种时机，因此选择 B。

3. 喇叭沟原始森林公园地处北京市最北端，每年秋天"层林尽染"，吸引大量游客前来观白桦赏红叶。影响叶片变红的主要非生物因素是（　　　）。

A. 水 　　　　　　 B. 温度 　　　　　　 C. 空气 　　　　　　 D. 土壤

答案：B

解释：叶片变红通常在秋季，从夏季过渡到秋季，最大的变化就是环境温度的降低，因此选择 B。

3.2　生态系统

概念本体　生态系统

概念释义　在一定的空间范围内，生物与环境所形成的统一的整体叫作生态系统。

概念解读　举个简单的例子，一片森林就是一个生态系统，在这个生态系统中有动物、植物，还有微生物，它们是这个生态系统的生物部分。除此之外，这个生态系统还有很多非生物的部分，如阳光、土壤、空气和水等。这些生物和非生物部分组合在一起，构成了这片森林生态系统。一片草原、一块农田、一个湖泊、一条河流都可以看作一个个生态系统。

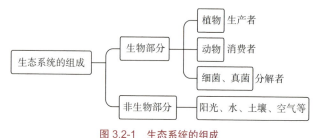

图 3.2-1　生态系统的组成

概念应用

　　生态系统分为生物部分和非生物部分。与此相关的核心概念是生态因素，它同样包含两种形式：生物因素和非生物因素。这两个概念之间虽存在相似之处，但也有着本质的区别。生态因素侧重于强调对生物产生影响的各种因素，是针对环境中的生物个体或群体而言的。生态系统则是一个更为宽泛的整体概念，涵盖了生物与其所处环境之间的作用与关系。因此，尽管这两个名词在表面上看似相近，但它们所代表的含义却是截然不同的。

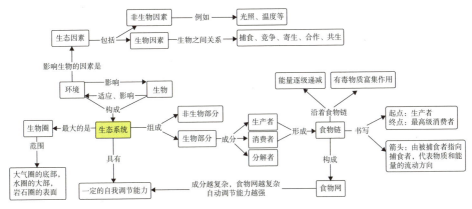

图 3.2-2　生态系统概念图

　　生态系统中的生物部分包括了三个关键角色：生产者、消费者和分解者。大部分的生产者就像是生态系统中的"大厨师"，它们掌握着一种名为光合作用的神奇技艺，利用阳光、水和空气中的二氧化碳，精心制作出"美食"，为自己以及其他生物提供必需的养分。通常，具备这种能力的主要是植物。消费者则好比生态系统里的小吃货，它们无法自给自足，只能享用生产者烹饪的"佳肴"，或是捕食其他消费者。例如，狐狸捕食兔子，而兔子则以草为食，所以归根结底，这些食物都源自植物。分解者则如同生态系统中的超级清洁工，在植物或动物去世后，将它们的遗体分解成微小的碎片。这些碎片进而成为土壤的一部分，重新回归环境中，供植物再次吸收利用。若没有分解者的存在，地球恐怕早已被动植物遗体和粪便淹没。

　　在上述过程中，我们可以清晰地看到，生产者、消费者、分解者与非生物环境之间的物质在不断地循环，这是生态系统的一个显著特征，称为物质循环。那么，能量是否也能像物质那样循环呢？答案是不能。在生态系统中，我们更常用"流动"来描述能量的状态，因为能量在传递过程中会不断损耗。因此，为了保持生态系统的稳定运行，必须有持续不断的能量输入。这个能量的主要来源是什么呢？正是太阳。所以，我们可以说，太阳是生态系统中能量的最根本源泉。

🔴 例题讲解

1. 下列各项中属于生态系统的是（　　　　）。

　　A. 池塘中的水草　　B. 池塘中的水　　　C. 池塘中的细菌　　D. 一个池塘

答案： D

解释： 生态系统是由生物和环境共同组成的，单独的生物或非生物都不能构成一个完整的生态系统。

2. 海草生活在浅海中，一种或多种海草构成海草床。海草床生态系统具有强大的碳存储能力，保护海草床是助力我国实现碳中和目标的重要举措。

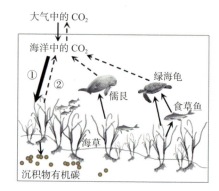

(1) 海草作为海草床生态系统的 _____ 者，能通过图中所示 [ ]_____ 作用合成含碳的有机物，并储存在叶、根和根状茎中，实现碳存储。

(2) 海草床为海洋动物提供了觅食场所，由图可知，绿海龟和食草鱼的关系是 _____。这些海洋动物促进了有机物沿着海草进行传递，参与了碳的存储。

(3) 海草能吸附水中悬浮的有机颗粒物，连同自身产生的落叶被埋存于海底沉积物中。海底温度低，同时沉积物中含氧少，使得其中的有机物被 _____ 微生物分解的速率下降，从而 _____(填"促进"或"抑制")碳的循环，延长碳存储的时间。

(4) 随着海岸线过度开发和海洋环境破坏，加速了海草床的退化。而一旦海草床大量丧失，埋存于沉积物中的碳就会被释放出来，成为巨大的碳释放源。为保护海草床生态系统，请提出合理的建议 _____。

答案： (1) 生产 ①光合 (2) 捕食和竞争 (3) 细菌和真菌等 抑制

(4) 禁止过度开发海岸线，禁止随意采摘海草和捕捞鱼虾，加强海草床检测，建立海草床自然保护区等

解释： (1) 海草是一种植物，在生态系统中属于生产者的角色。第二空的关键词在"合成有机物"，那么对应的作用就是光合作用，光合作用能吸收二氧化碳，所以序号为①。(2) 绿海龟和食草鱼之间有一个箭头，说明绿海龟会捕食食草鱼，比较容易忽视的是二者都吃海草，所以它们还在食物上构成竞争关系，两种关系要写全。(3) 生态系统中的分解者主要是细菌和真菌这些微生物，分解速率下降，所以整个碳循环是变慢的，因此填"抑制"。(4) 内容合理即可。

3. 南极磷虾主要以浮游生物为食。在食物缺乏时，磷虾的身体会缩小并蜕皮。下列叙述错误的是 ( )。

A. 磷虾属于生态系统中的消费者   B. 有机物摄入减少使身体缩小

C. 该蜕皮现象受生态因素影响   D. 蜕掉的皮不参与物质循环

答案：D

解释：磷虾以其他生物为食，因此它在生态系统中扮演消费者的角色（A）。当缺乏食物时，它的身体会缩小，这表明有机物摄入的减少会导致身体体积的缩减（B）。这种蜕皮现象是由于食物缺乏所引起的，而食物的缺乏又受到多种生态因素的影响，所以这种蜕皮现象受生态因素影响的观点是正确的（C）。蜕掉的皮随后会被分解者分解，参与到物质循环中，因此 D 选项错误。

3.3　食物链和食物网

概念本体　食物链和食物网

概念释义　在生态系统中，不同生物之间由于吃与被吃的关系而形成的链状结构叫作食物链。在一个生态系统中，往往有很多条食物链，它们彼此交错连接，形成食物网。

概念解读　想象一下，在大自然里，有些动物吃植物，而有些动物又吃这些吃植物的动物。这种"谁吃谁"的关系，就像一条长长的链子，我们把它叫作"食物链"。比如，一个简单的食物链可能是这样的：草→兔子→狐狸。这里，草被兔子吃掉，而兔子又被狐狸吃掉。这就是一个基本的食物链。但是，在真实的自然界里，事情往往比这个简单例子要复杂得多。因为，可能有很多种动物都吃草，同时也有很多种动物都吃兔子。这样一来，原本简单的食物链就变得错综复杂了。如果我们把这些复杂的关系都画出来，就会发现它像一张大大的网，这张网里有很多条食物链交织在一起。这张网，我们就叫它"食物网"。比如，在一个更复杂的情况里，可能不仅有草、兔子和狐狸，还有鸟吃草籽，狼也吃兔子，甚至狐狸还会吃小鸟。这样，食物链就变成了：

这些链条交织在一起，形成了一个复杂的食物网。

因此，食物链是描述生物之间营养关系的简单链条，食物网则是描述整个生态系统中所有食物链交织在一起的复杂网络。

概念应用

食物链和食物网构成了生态系统的营养结构，生态系统的物质循环和能量流动正是沿着这样的渠道进行的。食物链的正确书写不仅是理解生态系统基本结构的关键，也是进一步构建复杂食物网的基础。以下是在书写食物链时应当严格遵循的几个核心原则：

首先，食物链的构成应严格局限于生态系统中的生产者与消费者之间，这意味着非生物部分（如水、空气、土壤等）以及分解者（如细菌和真菌）不应被纳入食物链之中。这是因为食物链主要反映的是生物之间通过捕食关系所建立的能量流动路径。

其次，食物链的起点必须是生产者，也就是绿色植物。生产者的能量随后流向后续的捕食者，但能量的最根本来源其实是生产者进行光合作用所需的光能。

再次，食物链中的箭头方向极为重要，它代表着物质与能量的流动方向，即从被捕食者指向捕食者。这一箭头不仅清晰地表明了"谁吃谁"的关系，更深层次地揭示了生态系统中能量逐级递减的规律。

此外，在书写食物链时，应当确保其完整性，直至达到顶级捕食者，也就是那些位于食物链末端、没有更高一级捕食者对其构成威胁的生物。

例题讲解

1. 某草原生态系统的食物网如图所示，相关叙述正确的是（　　　）。

   A. 该食物网中包含 4 条食物链

   B. 兔与鼠不存在种间关系

   C. 鹰需要的能量最终来自草捕获的光能

   D. 若受到 DDT（有毒物质）污染，体内 DDT 积累最多的是草

   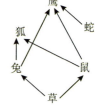

   答案： C

   解释： 数食物链的条数时要不重不漏，从草出发有两个箭头，"草→兔"后有 2 个箭头，分别指向狐和鹰；"草→鼠"后有 3 个箭头，分别指向蛇、鹰和狐。2+3=5，因此整个食物网有 5 条食物链（A）。兔和鼠都吃草，所以二者有竞争关系（B）。鹰需要的能量来自草，草的能量来自光合作用转换的光能，所以整个生态系统的能量都来自光能（C）。有毒物质会随着食物链逐渐累积，所以毒素最多的是鹰（D）。

2. 林间草地放养鸡是一种重要的"林—草—鸡"生态循环发展模式，可获得良好的生态效益和经济效益。鸡可以取食草，也可捕捉食草昆虫，请据此写出一条食物链：＿＿＿＿＿。

   答案： 草→食草昆虫→鸡，或者，草→鸡

解释：食物链的书写从生产者开始。从"鸡可以取食草，也可捕捉食草昆虫"这一事实中，我们知道这里存在两条食物链，因此可以从中选择一条来书写。但需要注意的是，食物链中的箭头指向应从被捕食者指向捕食者。

3.4   生态系统的自我调节能力

概念本体   生态系统的自我调节能力

概念释义   自我调节能力指生态系统在面对内外部变化时，能够通过其内部的生物、非生物部分以及它们之间的相互作用，自动调整并维持系统稳定的能力。

概念解读   生态系统的自我调节能力，就好比一个大家庭里每个人都有自己的一套应对变化的方法，让这个家庭始终和谐稳定。这个大家庭就是生态系统，里面包含了各种各样的成员，如树、草、鸟、鱼等生物，还有土壤、水、空气等极其重要的非生物部分。它们之间并不是各自为政，而是相互关联，共同构成了一个紧密的小社区。有时候，这个社区会遇到一些挑战，比如某种小动物的数量突然增多。这时候，生态系统的自我调节能力就开始发挥作用了。这些小动物的天敌数量会相应增加，进而控制这种小动物的数量，防止它们过度消耗食物资源。这一切都是自发进行的，无须任何外部指挥，就像是大家庭里的每个成员都清楚自己应该怎么做，以维持这个家庭的和谐与稳定。

概念应用

生态系统虽有自我调节能力，但这种能力并非没有上限。当外界干扰超出生态系统的调节阈值时，系统平衡将被打破。

以水葫芦为例，这种原产于南美洲的水生植物，在被引入我国一些水域后，由于缺乏天敌而迅速繁殖，覆盖了大片水面，阻挡了阳光进入水体，致使水下植物因无法进行光合作用而死亡。同时，水葫芦的密集生长还阻碍了水体流动，加剧了水质恶化，影响了其他水生生物的生存。

另一个例子是过度放牧导致的草场退化。在我国北方的一些草原地区，长期过度放牧曾导致草原植被被严重破坏，土壤裸露，水土流失加剧，最终导致荒漠化。塞罕坝几十年间的变化便是一个典型例证，这里曾是水草丰美的皇家猎苑，后因过度砍伐和放牧，变成了一片荒漠。这个例子说明，人类活动如果不加节制，将严重削弱生态系统的自我调节能力，甚至导致其崩溃。

这种调节能力与生态系统中物种的多样性和食物网的复杂程度密切相关。热带雨林作为地球上生物多样性最为丰富的生态系统之一，其自动调节能力通常比生物多样性相对较低的草原等生态系统更强。这是因为当某种生物数量发生变化时，雨林中的其他生物可以迅速填补空缺，维持生态系统的整体稳定。因此，保护和增加生物多样性，对于增强生态系统的自我调节能力具有重要意义。

例题讲解

西海（又称积水潭）是西城区近年修建的湿地公园，内有芦苇、睡莲、草鱼、绿头鸭等 30 多种动植物，是人们运动休闲的好去处。下列说法正确的是（　　）。

A.湿地是最大的生态系统　　　　　B.该生态系统中不需要分解者

C.该生态系统中能量可以循环利用　　D.该生态系统具有一定的自我调节能力

答案：D

解释：最大的生态系统是生物圈，故 A 选项错误。生态系统中的成分包含生物部分和非生物部分，分解者是生物部分的重要组成，故 B 选项错误。在生态系统中，能量只能流动，不能循环，故 C 选项错误。

3.5 　生物圈

概念本体　生物圈

概念释义　地球上适合生物生存的地方只有表面的一个薄层，这个薄层称为生物圈。

概念解读　生物圈是地球上最大的生态系统。作为一个生态系统，生物圈自然需要有生物的存在。地球上并非所有地方都能让生物生存，例如地球的地心，那里温度极高，不适合生物居住。地球的直径超过一万千米，而真正有生物存在的地方主要集中在地球表面，大约向上延伸至 10 千米高空，向下深入 10 千米的地层。与地球的直径相比，这个范围就像一层薄薄的壳。如果把地球比作一个足球，那么生物圈的范围就相当于覆盖在这个足球表面的那层皮，它包括了大气圈的底部、水圈的大部分以及岩石圈的表层。

概念应用

生物圈，这个地球上的生命薄层，不仅是无数生物的栖息地，更是一个高度统一的生态系统网络。在这个宏大的网络中，各个生态系统并非孤立存在，而是相互依存、紧密相连的。从繁茂的热带雨林到广袤的草原，从深邃的海洋到巍峨的高山，不同的生态系统之间也都进行着生物与物质的交流。

鸟类迁徙以寻找更适宜的生存环境，物质也在生物圈内循环往复。例如，空气通过大气环流在全球范围内流动，携带着氧气、二氧化碳等关键气体，维系着生物的呼吸与光合作用；水则通过水循环在海洋、陆地、大气之间不断转化与流动，为生物提供生命之源，这种关系使得生物圈成为一个不可分割的整体。

生物圈能否被再造呢？人们曾尝试建造一个名为"生物圈 2 号"的项目。这是一个位于美国沙漠中的微型人工生态循环系统，由钢框架和玻璃构成，占地面积约为 1.27 万平方米。其内部设计了沙漠、海洋、热带雨林、草原、湿地、农田等多个生态区域，旨在模拟地球上的主要生态系统。从 1991 年至 1993 年，8 名科研人员在这个系统中进行了为期两年的生存实验，目的是检验人类能否在此类封闭生态系统中长期生存。然而，尽管生物圈 2 号内包含了 4000 种生物，但它仍遭遇了粮食减产、氧气含量下降等一系列问题，最终于 1993 年宣告实验失败。这一结果警示我们，迄今为止，地球生物圈仍是人类和其他生物赖以生存的唯一家园，无法复制。

例题讲解

1. 最大的生态系统是（　　）。

   A. 一片森林　　　　B. 一块农田　　　　C. 地球　　　　D. 生物圈

   答案：D

   解释：我们需要明确区分地球和生物圈的范畴。地球是指我们居住的整个行星，生物圈则是指地球上所有生物及其生存环境的总和。由于地球上并非所有地方都有生物存在，因此生物圈才是最大的生态系统。

2. 电影《流浪地球》提醒我们，生物圈是人类赖以生存的唯一家园。下列叙述不正确的是（　　）。

   A. 地球上所有生物分布在生物圈中　　B. 生物圈内的物质和能量可以自给自足

   C. 生物圈构成了最大的生态系统　　　D. 生物圈内生态系统多样并且相互联系

   答案：B

   解释：生物圈中的物质可以循环，但是能量需要由外界（太阳）提供。

4 人体生理与健康

4.1 生殖系统

概念本体 生殖系统

概念释义 生殖系统是人体产生生殖细胞，用来繁殖后代的器官的总称。人类新个体的产生，要经历雌雄生殖细胞的结合，在母体内完成胚胎发育，再由母体产出。这一过程主要是靠生殖系统完成的。男女性生殖系统不一样，这是男人与女人在身体结构上最大的区别。

概念解读 把生殖系统想象成一座"生命制造工厂"，男女的生殖系统就像工厂里不同但又紧密配合的两条生产线。

女性生殖系统这条生产线上，子宫像一个神奇的"小房子"，是孕育新生命的地方。精子和卵细胞结合形成受精卵后，就会在子宫里"住下来"，慢慢发育成小宝宝。卵巢则像"种子库"，会定期排出如"小种子"般的卵细胞。输卵管就如同连接"种子库"和"小房子"的"秘密通道"，卵细胞会通过输卵管来到子宫，而且精子和卵细胞相遇结合的奇妙过程，也发生在输卵管里。

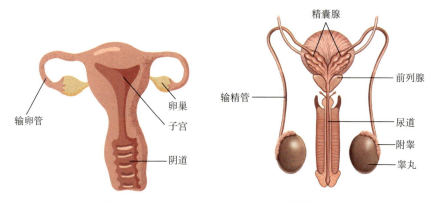

图 4.1-1 女性（左）和男性（右）生殖系统示意图

男性生殖系统这条生产线上，睾丸是重要的"生产车间"，它会持续产生像"小种子"一样的精子。附睾像是精子的"临时宿舍"，精子在这里储存并进一步成熟。输精管则是"运输管道"，把成熟的精子输送出去。前列腺等附属腺体分泌的液体，能为精子提供营养和适宜的环境，帮助精子更好地游动。

只有当男性和女性生殖系统的各个部分协同工作，精子和卵细胞成功相遇结合后，新生命才有可能诞生。

概念应用

1.试管婴儿技术：试管婴儿技术是医学上的一项重要应用。试管婴儿技术并不是让婴儿在试管里长大，而是把女性的卵细胞和男性的精子从身体里取出，让它们在实验室的培养皿里相遇结合，形成受精卵。等受精卵发育成早期胚胎后，再把胚胎移植到女性的子宫里，让它像自然受孕的受精卵一样在子宫里继续生长发育。这项技术帮助了许多因输卵管堵塞而不孕的女性或者少精弱精的男性实现了拥有孩子的梦想。

2.双胞胎的成因：双胞胎分为同卵双胞胎和异卵双胞胎。同卵双胞胎的形成是因为一个受精卵在发育过程中意外分裂成了两个胚胎，这两个胚胎拥有几乎完全相同的基因，所以他们长得很像，性别也相同。异卵双胞胎的形成则是因为女性的卵巢一次排出了两个卵细胞，并且这两个卵细胞分别和不同的精子结合，形成了两个不同的受精卵，他们的基因不完全相同，就像普通的兄弟姐妹一样，性别可能相同，也可能不同。

例题讲解

试管婴儿技术给全世界的不孕不育者带来了福音。试管婴儿技术操作流程如下。

试管婴儿技术发展历程如下。

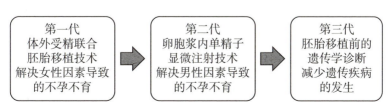

（1）该技术需要男性提供健康且有活力的精子，产生精子的器官是 _____。体外完成受精后，将 _____ 植入母体，之后胎儿在母体的 ____（填结构名称）内生长发育。

（2）随着生物技术的发展，"试管婴儿"技术也在不断迭代。

　　① 第一代技术中，需要使用药物刺激母亲的 ____（填结构名称）排出卵细胞，以突破自然排卵周期的限制，获得更多卵细胞。

　　② 第二代技术中，理论上每个卵细胞完成受精作用需要 ____ 个精子。

答案：（1）睾丸　早期胚胎　子宫　（2）卵巢　1

解释：（1）男性生殖系统中的主要生殖器官是睾丸，它的功能是产生精子，并且分泌雄性激素。由图可知，试管婴儿技术是用人工的方法使精子与卵细胞在体外结合形成受精卵，等其发育成为早期胚胎后再移植进母体的子宫内。胚胎的发育在子宫中进行，直至发育成熟，分娩产出。

（2）①卵巢是女性主要的生殖器官，其作用是产生卵细胞和分泌雌性激素。自然情况下，女性每个月大多仅排出 1 个卵细胞。医生使用药物刺激卵巢，能够促使卵巢排出多个卵细胞，从而增加受精成功的机会，提高试管婴儿技术的成功率。

②由图中信息可知，第二代技术名为单精子显微注射技术，其原理是每个卵细胞中只能有 1 个精子。每个卵细胞完成受精作用通常只需要 1 个精子，在自然受精过程中，当一个精子成功进入卵细胞后，卵细胞会立即发生一系列变化，阻止其他精子再进入。第二代"试管婴儿"技术同样遵循这个基本的受精原理。

4.2　青春期

概念本体　青春期

概念释义　青春期是儿童逐渐发育为成年人的过渡时期，是人的一生中身体发育和智力发展的黄金时期。在这个阶段，会发生一系列显著的生理和心理变化，比如身高突增、体重迅速增长、生殖器官发育等。

概念解读　青春期就像一场奇妙的"变身之旅"，如同"丑小鸭"蜕变成为"白天鹅"的过程，充满了神奇和惊喜。"丑小鸭"原本是小小的、不起眼的模样，在蜕变的过程中，它的身体结构、外形都发生了巨大的改变，最终变成美丽且能自由飞翔的"白天鹅"。我们在青春期也是如此，身体各个方面都在悄悄发生变化，仿佛被施了魔法一样。

从生理上来说，身高和体重会快速增长。此外，男生的声音会变低沉，喉结逐渐突出，还会开始长胡须；女生的乳房会逐渐发育，骨盆变宽，身体曲线变得更加明显。这是因为青春期时，体内的性激素发挥作用，使得男女性在外形上表现出明显的差异，称为"第二性征"。生殖系统在青春期也迅速发育。男生的睾丸增大，开始产生精子，还会在睡梦中排出精液，也就是出现"遗精"现象；女生的卵巢逐渐成熟，开始排卵，月经也随之出现。

图 4.2-1　青春期身体的变化

心理上，在青春期阶段，我们的情绪会变得更加丰富和复杂。有时候会充满自信，对很多事情都充满好奇和探索欲；但有时候又会变得敏感、脆弱，容易产生烦恼和困惑。我们开始有自己独立的想法，渴望被尊重和理解，同时性意识也开始萌动，对异性有一些朦胧的好感，这些都是正常的心理变化。

概念应用

了解青春期的生理变化，能帮助我们更好地照顾自己的身体。

女生进入青春期会迎来月经，它是子宫内膜周期性脱落和出血的现象。当月经来临时，女生的身体会比平时更敏感一些，要注意保暖，同时也要避免剧烈运动。

男生在青春期会出现遗精现象，这可以看作身体的一种"自我清理"。精子在睾丸中不断产生，当储存的精子达到一定量后，就会像装满水的杯子溢出水一样，通过遗精排出体外。这是正常的生理现象，男生不用感到害羞或紧张，但要注意个人卫生，保持生殖器官清洁。

除了关注这些特殊的生理现象，明白青春期的心理变化特点也很重要。当出现情绪波动时，我们要学会更好地调节自己的情绪，避免陷入不良情绪中。比如，感到烦躁时，可以通过听音乐、运动等方式来放松自己。

例题讲解

1. 小红进入了青春期，下列生理变化中，她不可能出现的是（　　　）。

A.身高突增　　　　B.喉结突出　　　　C.乳房发育　　　　D.月经来潮

答案：B

解释：身高突增是青春期男女生共有的生理变化，所以小红可能出现身高突增。乳房发育和月经来潮是女生在青春期会出现的生理变化，而喉结突出是男生在青春期特有的生理现象，女生不会出现，所以小红不可能出现喉结突出，应该选B。

2. 下列关于青春期的表述正确的是（　　）。

　　A. 进入青春期，男孩、女孩的生理和心理已经完全发育成熟

　　B. 进入青春期，男子长胡须和声调变低，对此起直接作用的是生长激素

　　C. 古人所说的"精满自溢"指的是遗精，频繁遗精对身体的健康没有影响

　　D. 月经周期的出现，标志着女性具有了生育的能力

答案：D

解释：进入青春期，男孩和女孩的生理和心理都发生显著变化，但并没有完全发育成熟，A 选项错误。男子长胡须和声调变低，这些属于第二性征，对此起直接作用的是雄性激素，B 选项错误。遗精虽然是青春期男性正常的生理现象，但频繁遗精可能是因生殖系统炎症、过度疲劳、长期不良生活习惯等导致，会影响身体健康，C 选项错误。月经周期的出现，意味着女性的卵巢开始周期性排卵，子宫内膜也做好了准备，这标志着女性具有了生育的能力，D 选项正确。

4.3　食物中的营养物质

概念本体　食物中的营养物质

概念释义　食物中的营养物质是指食物中含有的，维持人体正常生理功能所需的各种物质，是人体正常生长、发育和维持健康的基础，主要包含糖类、脂肪、蛋白质、维生素、水、无机盐六类。

概念解读　食物中的营养物质多种多样，如果把人体比作一座城市，营养物质就是维持这座城市正常运转的各种资源。

图 4.3-1　餐桌上各种各样的食物

糖类：最重要的供能物质，像城市里的"核心能量站"，为人体的各项生命活动提供主要能量。米饭、面条、馒头等主食中富含糖类，它们进入人体后，经过消化会转化为葡萄糖，被吸收进入血液，为身体的各个"部门"提供动力。

脂肪：备用能源物质，如同城市的"能源储备库"。当人体在长时间运动、饥饿等情况下，糖类供应不足时，脂肪就会被分解，释放出能量。肥肉、油炸食品、坚果等食物中含有较多脂肪。

蛋白质：构成人体细胞的基本物质，如同建造城市的"建筑材料"，对人体的生长发育、组织修复和更新起着关键作用。同时，蛋白质也能为人体提供能量。瘦肉、鱼类、豆类、蛋类等食物富含蛋白质。

维生素：虽然人体对它的需求量很少，但它有着不可或缺的作用，像城市里的"精细调节员"。不同的维生素有着不同的功能，例如，维生素 A 有助于维持视力正常，缺乏它可能会导致夜盲症；维生素 C 能增强人体抵抗力，缺乏时易患坏血病；维生素 D 可以促进钙的吸收，对骨骼发育很重要。水果、蔬菜、动物肝脏等食物中含有丰富的维生素。

水：人体细胞的主要成分之一，约占体重的 60%~70%，如同城市的"生命之河"，参与人体的各种生理活动，如营养物质的运输、废物的排出等。我们每天都需要摄入足够的水来维持身体的正常运转。

无机盐：在人体内含量不多，但对人体的作用非常大，像城市里的"特殊零件"。例如，钙是构成骨骼和牙齿的重要成分，缺钙会导致佝偻病、骨质疏松等；铁是合成血红蛋白的重要原料，缺铁会引起缺铁性贫血。奶类、豆类、虾皮等食物富含钙，动物肝脏、动物血液等食物富含铁。

膳食纤维：不能被人体消化吸收，但对人体健康至关重要，被列为"第七大营养素"，又称"肠道清道夫"。膳食纤维主要存在于蔬菜、水果、全谷类、豆类等食物中，能够促进肠道蠕动，帮助肠道中的食物残渣更快地排出体外。同时，它还能增加饱腹感，减少其他高热量食物的摄入，有利于控制体重。

概念应用

了解食物中的营养物质，能帮助我们合理安排饮食。比如，为了保证充足的能量供应，我们要摄入一定量的主食；青少年正处于生长发育的关键时期，需要摄入更多的蛋白质、钙等营养物质，以满足骨骼生长和身体发育的需要，每天可以食用一些瘦肉、鸡蛋、牛奶等；运动员由于运动量较大，对糖类、蛋白质和水的需求比普通人更多；老年人消化功能减弱，需要选择更易消化的食物，同时要注意补充钙和维生素 D，预防骨质疏松。

例题讲解

1. 青少年正处于生长发育的关键时期，应该多摄入富含（　　）的食物。

A. 糖类和水

B. 蛋白质和钙

C. 脂肪和维生素

D. 膳食纤维和无机盐

答案： B

解释： 蛋白质是构成人体细胞的基本物质，对青少年身体生长、组织修复和更新起着关键作用。钙是构成骨骼和牙齿的重要成分，青少年骨骼快速生长，需要大量的钙。多摄入富含蛋白质和钙的食物，如瘦肉、鸡蛋、牛奶、豆类等，能满足青少年生长发育的需求，B 选项正确。

2. 人体缺乏维生素 C 会患（　　）。

A. 夜盲症　　　　B. 坏血病　　　　C. 佝偻病　　　　D. 贫血症

答案： B

解释： 人体缺乏维生素 A 易患夜盲症（A）；缺乏维生素 C 会患坏血病（B）。佝偻病通常是由于缺乏维生素 D 或钙引起的（C）。贫血症多数是因为缺铁导致的（D）。

4.4　消化和吸收

概念本体　消化和吸收

概念释义　消化是指食物在消化道内分解成可被细胞吸收的物质的过程；吸收则是指食物成分或消化后产生的小分子营养物质通过消化道进入血液的过程。消化和吸收是人体获取营养、维持生命活动的重要生理过程，二者紧密相连，共同保障人体从食物中摄取所需的营养成分。

概念解读　如果把人体比作一座复杂的工厂，那么消化和吸收就像工厂中对原料进行精细加工与筛选的过程。食物进入人体后，就如同各种原材料被送进工厂，需要经过口腔、胃、小肠等车间的一系列加工处理才能被利用。

消化过程：消化分为物理性消化和化学性消化。物理性消化就像用工具把大的原材料切割、粉碎，使食物变得更细碎，便于后续处理。比如牙齿的咀嚼把食物磨碎，胃的蠕动将食物进一步搅拌成食糜。化学性消化则像添加特殊的"加工剂"，让原材料发生本质变化。消化腺分泌的各种消化液含有消化酶，这些酶就是特殊的"加工剂"。唾液腺分泌的唾液中含有唾液淀粉酶，能将食物中的淀粉初步分解为麦芽糖；胃腺分泌的胃液中含有胃蛋白酶，可初步消化蛋白质；胰腺分泌的胰液以及肠腺分泌的肠液中含有多种消化酶，能对糖类、蛋白质和脂肪进行彻底消化，将它们分解为葡萄糖、氨基酸、甘油和脂肪酸等小分子物质。

吸收过程：吸收主要在小肠内进行。小肠就像一个高效的"筛选吸收器"，它的内表面有许多突起结构，环形皱襞和小肠绒毛大大增加了吸收面积。葡萄糖、氨基酸、甘油、脂肪酸，以及大部分的水、无机盐和维生素等营养物质，通过小肠绒毛壁和毛细血管壁进入血液。此外，胃只能吸收少量的水、无机盐和酒精；大肠主要吸收少量的水、无机盐和部分维生素。

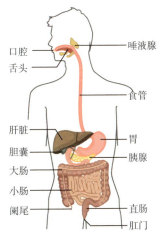

图 4.4-1　人体消化系统结构示意图

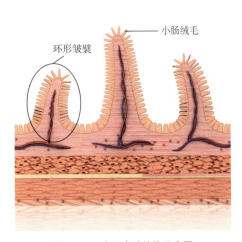

图 4.4-2　小肠内壁结构示意图

概念应用

1. 为什么吃饭要细嚼慢咽？细嚼慢咽利于食物消化吸收。牙齿充分咀嚼能将食物磨碎，增大与消化液的接触面积，使唾液中的淀粉酶更有效地分解食物中的淀粉。若进食过快，未充分咀嚼的食物进入胃，会加重胃的消化负担，长期易引发消化不良。

2. 为什么伤胃的药要做成糖衣胶囊？胃内有蛋白酶，在酸性环境下负责初步消化蛋白质。糖衣胶囊的主要成分是蔗糖等糖类，在胃内不会被分解，可以避免药物直接接触胃黏膜对胃造成刺激。药物进入肠道后，在肠道的碱性环境和特定消化酶作用下，糖衣胶囊溶解，药物释放并被吸收，既达到了治疗效果，又保护了胃。

3. 消化不良时吃的胰酶片是什么原理？胰酶片含有多种消化酶，其中，淀粉酶能将淀粉分解为麦芽糖等糖类，蛋白酶能把蛋白质分解成氨基酸，脂肪酶能将脂肪分解为甘油和脂肪酸。这些酶能够补充人体自身消化酶的不足，帮助消化系统更好地分解食物，促进营养物质的吸收，从而改善消化不良的症状。

例题讲解

1. 从吃馒头到馒头被消化吸收，依次经过的器官是（　　）。

    A. 口腔→喉→食管→胃→胰腺→小肠

    B. 口腔→咽→食管→胃→大肠→小肠→肛门

    C. 口腔→咽喉→食管→胃→小肠→肛门

    D. 口腔→咽→食管→胃→小肠→大肠→肛门

答案： D

解释： 馒头进入人体后，首先在口腔中经过牙齿的咀嚼和唾液的初步消化，接着通过咽进入食管，再进入胃进行进一步的消化。胃能将食物变成食糜，之后食糜进入小肠。小肠是消化和吸收的主要场所，馒头中的营养物质在这里被彻底消化并吸收。未被消化吸收的食物残渣进入大肠，大肠能吸收少量的水、无机盐和部分维生素。最后，剩余的残渣经肛门排出体外。

2. 人体吸收营养物质的主要部位是（　　）。

    A. 胃　　　　　　　　B. 小肠　　　　　　　C. 大肠　　　　　　　D. 口腔

答案： B

解释： 胃只能吸收少量的水、无机盐和酒精（A）；小肠内表面有环形皱襞和小肠绒毛，吸收面积大，是人体吸收营养物质的主要部位，葡萄糖、氨基酸等营养物质大多在小肠被吸收（B）；大肠主要吸收少量的水、无机盐和部分维生素（C）；口腔主要进行物理性消化，几乎没有吸收功能（D）。

4.5　合理营养

概念本体　合理营养

概念释义　合理营养是指全面而平衡的营养。"全面"是指摄取的营养物质（六类营养物质和膳食纤维）种类要齐全；"平衡"是指摄取的各种营养物质的量要合适（不少也不多，比例适当），与身体的需要保持平衡。

概念解读　合理营养就像搭建一座稳固的大厦，需要各类建筑材料准备齐全且比例恰当。人体维持正常的生命活动离不开食物中各种各样的营养物质，只有保证营养摄入既全面又平衡，身体这座"大厦"才能健康稳固。中国营养学会根据《中国居民膳食指南》的准则和核心推荐，设计了"中国居民平衡膳食宝塔"，为我们提供了直观的合理营养饮食指南。

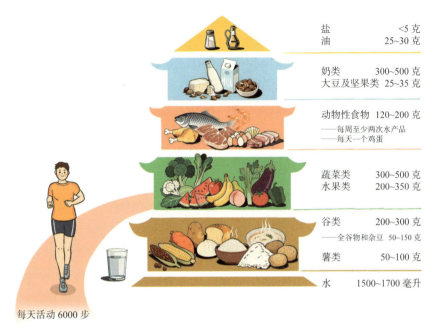

图 4.5-1　中国居民平衡膳食宝塔

膳食宝塔除底座水以外的第一层是谷薯类食物，它们富含糖类，是人体最主要的供能物质，所以应作为日常饮食的基础。以米饭、面条、馒头等谷类食物为主是合理膳食的重要特征。要保证每餐都有适量的谷类食物摄入，为身体提供持续的能量支持。但同时不能只依赖谷类，还需搭配其他各类食物，以获取更全面的营养。

蔬菜和水果位于膳食宝塔的第二层，它们富含维生素、无机盐和膳食纤维，每天应保证足够的摄入量。维生素和无机盐对维持人体正常生理功能至关重要，如缺乏维生素 C 易患坏血病，缺乏维生素 D 会影响骨骼发育。膳食纤维能促进肠道蠕动，预防便秘。

鱼、禽、肉、蛋等动物性食物位于膳食宝塔的第三层，是膳食指南推荐适量食用的食物。这类食物是优质蛋白质的重要来源，对人体生长发育、组织修复和更新起着关键作用。

膳食宝塔的第四层是奶类、大豆和坚果。奶类是补钙的优质来源；大豆含有丰富的蛋白质，是植物性蛋白质的良好选择；坚果则是食物多样化的良好选择。适量摄入这些食物，有助于满足身体对多种营养物质的需求。

膳食宝塔的顶层是盐和油。过量的盐摄入与高血压等疾病密切相关，高油食物容易使人发胖，所以在饮食中要减少盐和油的使用量。

概念应用

依据合理营养的原则，可以为不同人群制订个性化的健康食谱。

为青少年制订食谱时，要考虑到他们生长发育迅速，对蛋白质、钙等营养物质需求大的特点，在食谱中增加牛奶、鸡蛋、鱼虾、豆制品等食物的比例。

为老年人制订食谱，则要侧重于选择易消化的食物，同时保证足够的营养（特别是蛋白质），比如把肉类制成肉丸、肉松。另外，要多提供一些富含钙和维生素 D 的食物，以预防骨质疏松。

对于患有某些疾病的人群，合理营养更为关键。糖尿病患者需要严格控制糖类的摄入，根据自身血糖情况合理安排主食量，并选择升糖指数较低的食物；高血压患者要严格限制盐的摄入量，同时增加香蕉、土豆等富含钾的食物摄入，有助于维持血压稳定。

例题讲解

1. 下列饮食习惯符合合理营养要求的是（　　）。

　　A. 只吃蔬菜，不吃肉类　　　　　　　B. 多吃油炸食品，少吃水果

　　C. 一日三餐，按时进餐，营养均衡　　D. 早餐不吃，午餐多吃，晚餐少吃

答案：C

解释：只吃蔬菜，不吃肉类，会导致蛋白质等营养物质摄入不足，不符合营养全面的要求，A 选项错误。油炸食品通常含有大量油脂，多吃不利于健康，且少吃水果会导致维生素和膳食纤维摄入不足，B 选项错误。一日三餐按时进餐，且保证营养均衡，符合合理营养中"全面而平衡"的原则，C 选项正确。早餐不吃不利于身体健康，容易导致低血糖、胃肠功能紊乱等，D 选项错误。

2. 妈妈做了一份午餐：馒头、红烧肉和炖豆腐。为使营养搭配更合理，应增加的食物是（　　）。

　　A. 豆浆　　　　　　B. 八宝粥　　　　　　C. 清蒸鲈鱼　　　　　　D. 香菇油菜

答案：D

解释：馒头主要提供糖类，红烧肉富含脂肪和蛋白质，炖豆腐能补充蛋白质，这份午餐中糖类、蛋白质和脂肪都有了，但缺乏维生素和膳食纤维。A,C 选项仍然主要补充蛋白质，B 选项主要提供糖类，D 选项中的油菜可以补充维生素和膳食纤维。

4.6 呼吸系统

概念本体 呼吸系统

概念释义 呼吸系统是人体与外界进行气体交换的系统，由呼吸道和肺组成。呼吸道包括鼻、咽、喉、气管、支气管，是气体进出肺的通道；肺是进行气体交换的主要器官。

概念解读 呼吸系统由呼吸道和肺两部分组成。呼吸道是"人体王国"的"空气净化系统"，而鼻子则是这个系统的首个关键装置。鼻子内部有许多细小的鼻毛，就像一道道滤网，能拦住空气中的灰尘和杂质，防止它们进入身体。鼻腔内表面的黏膜还能分泌黏液，进一步吸附灰尘，同时让空气变得湿润，鼻腔内丰富的毛细血管则像一个个"小火炉"，温暖着吸入的冷空气，使空气更适合身体的需求。

空气经过鼻子的初步处理后，就进入了咽和喉。咽是一个"交通要道"，它不仅是空气的通道，食物也会经过这里进入消化道。喉则像一个"声音制造工厂"，里面的声带在空气的冲击下振动，使我们能够发出各种声音。

接着，空气顺着气管和支气管继续前行。气管就像一棵大树的树干，而支气管则是树干上不断分叉的树枝。这些"管道"的内壁有许多细小的纤毛，不停地摆动，把呼吸道里残留的灰尘和细菌等异物以痰的形式清扫出去，保持呼吸道的清洁。

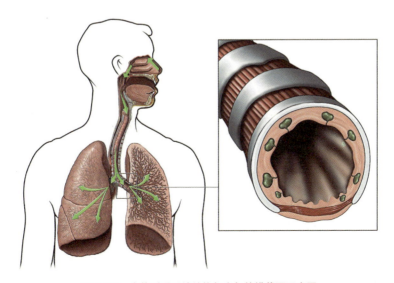

图 4.6-1　人体呼吸系统结构与支气管横截面示意图

最终，经过温暖、清洁、湿润后的空气来到了肺这个"气体交换站"。肺由大量肺泡组成，肺泡就像一个个微小的气球，表面布满了毛细血管。在这里，发生着一场神奇的"气体交换魔法"：空气中的氧气透过肺泡壁和毛细血管壁进入血液，血液中的二氧化碳则从毛细血管进入肺泡，然后随着呼气排出体外。这场"魔法"让身体获得了维持生命活动所必需的氧气，排出了代谢产生的二氧化碳，使"生命王国"能够正常运转。

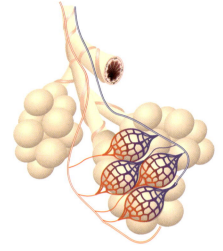

图 4.6-2　肺泡示意图

概念应用

1. 感冒鼻塞时，为何早上醒来会口干舌燥？感冒时，鼻黏膜会处于充血、肿胀的状态，导致鼻腔变窄甚至堵塞，人们会不自觉地张口呼吸。空气没有经过鼻腔的湿润处理，直接从口腔进入呼吸道并快速流动，使得口腔内的水分大量散失。经过一夜的睡眠，口腔持续散失水分却没有得到及时补充，所以早上醒来就会感觉口干舌燥。

2. 为什么吃饭时不能说笑？咽是呼吸系统和消化系统共用的通道。吃饭时，食物会经过咽进入食管。正常情况下，吞咽食物时，会厌软骨会像一个盖子一样盖住喉口，防止食物误入气管。然而，如果吃饭时说笑，会厌软骨可能来不及盖住喉口，食物就有可能进入气管，引发剧烈咳嗽，严重时甚至会堵塞气管，导致呼吸困难，危及生命。

例题讲解

1. 某肺炎重症患者需要气管插管来辅助呼吸，为保证双肺都能获得氧气，气管插管从口腔进入后，不会经过（　　）。

　　A. 咽　　　　　　　B. 喉　　　　　　　C. 食管　　　　　　　D. 气管

答案：C

解释：呼吸系统由呼吸道和肺组成，呼吸道包括鼻、咽、喉、气管、支气管，是气体进出肺的通道。当气管插管从口腔进入后，依次会经过咽、喉、气管，最终将氧气输送到双肺。而食管是消化系统的一部分，是食物进入胃的通道，所以选 C。

2. 下列行为习惯与人体健康的关系描述不当的是（　　）。

　　A. 用口进行呼吸→有效处理空气　　　　　B."食不言"→避免食物进入气管

C.不要大声喊叫→防止声带受损　　　　D.不要随地吐痰→减少病菌的散播

答案：A

解释：鼻腔内有鼻毛、黏膜等结构，鼻毛可以过滤灰尘，黏膜能分泌黏液吸附灰尘、湿润空气，鼻腔内的毛细血管还能温暖空气。而用口呼吸时，空气没有经过鼻腔的这些处理，不能有效处理空气，因此A选项描述不当。咽是呼吸道和消化道的共同通道，若吃饭时说话，会厌软骨可能来不及盖住喉口，食物就有可能误入气管，引发危险，B选项正确；大声喊叫时，声带会剧烈振动，容易导致声带受损，C选项正确；痰中含有大量病菌，随地吐痰会使病菌散布到空气中，将疾病传染给他人，D选项正确。

4.7　呼吸运动

概念本体　呼吸运动

概念释义　呼吸运动是指人体胸廓有节律地扩大和缩小的运动，包括吸气和呼气两个过程，它主要是由呼吸肌的收缩和舒张引起的。

概念解读　胸廓是人体胸腔的"城墙"，由脊柱、肋骨和胸骨紧密相连构成，形状就像一个精致的鸟笼。这个鸟笼状的"城墙"有着一定的弹性，呼吸运动就是这个"城墙"有规律地变大变小的奇妙动态过程。操控"城墙"变化的则是由肋间肌和膈肌组成的呼吸肌。

当我们吸气时，胸廓底部的膈肌收缩，就像一个原本松弛的降落伞被用力向下拉伸，位置下降，使得胸廓的上下径增大；肋间肌也同时收缩，使得肋骨向上向外运动，胸廓的前后径和左右径也跟着增大。整个胸廓变大的同时，肺也随之扩张，肺内的气压变小，外界的空气就顺着呼吸道进入了肺里。

而当我们呼气时，膈肌舒张，慢慢恢复到原来的位置；肋间肌也舒张，肋骨向下向内运动。就这样，胸廓逐渐缩小，肺也跟着回缩，肺内的气压增大，于是肺里的空气就被"挤"了出来，通过呼吸道排出体外。

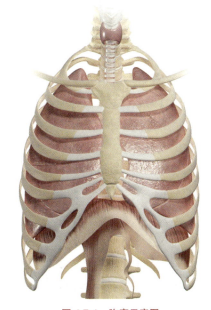

图 4.7-1　胸廓示意图

就这样，呼吸肌一收一放，胸廓一扩一缩，呼吸运动持续进行，源源不断地为身体提供氧气，排出二氧化碳。

概念应用

1. 为什么坚持体育锻炼能提高肺活量？肺活量指一次呼吸中从口、鼻吸入的气体总量，包括潮气量、补吸气量和补呼气量三部分。它是衡量人体呼吸功能的重要指标，反映了肺部的最大通气能力。长期进行游泳、长跑等体育锻炼，能使呼吸肌变得更发达强壮，吸气时胸廓能充分扩大，让肺容纳更多空气；呼气时也能更有力排出气体。因此，坚持体育锻炼能够提高肺活量。

2. 发生踩踏时，人为何会窒息？踩踏事件中，人群挤压致人体周围空间狭小，胸廓活动受限，肋间肌无法充分收缩舒张，胸廓不能正常扩大缩小，肺无法有效地与外界进行气体交换，因而人会窒息。

3. 踩踏事件中应如何自救？若遇踩踏，应保持冷静，迅速找墙壁、柱子等坚固支撑物，背靠站立，减少后方挤压，为胸廓争取活动空间。双手交叉抱胸保护胸部，防止胸廓过度受压，让呼吸肌有活动范围维持呼吸。若被挤倒，尽量蜷缩身体，双手抱头，保护头胸等部位，并等待救援。

4. 为何在高原上会感觉呼吸困难？高原海拔高，大气压远低于平原。呼吸运动依赖肺内气压与外界大气压的压力差，高原上的气压较低，使得这种压力差变小，空气入肺动力不足。同时，高原空气含氧量低，吸入空气中的氧气难以满足身体需求，所以人会感觉呼吸困难，出现头晕、乏力等缺氧症状。

例题讲解

海姆利希急救法，更常见的名称是"海姆立克急救法"，是全球抢救异物误入气管患者的标准方法。为了宣传"海姆立克急救法"，生物社团的同学制作了人体呼吸运动模型（图 1），还绘制了如图 2 所示的针对儿童、婴儿等不同人群的急救方法示意图。请据图回答：

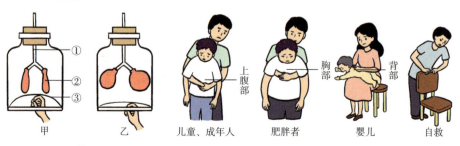

图 1   图 2

（1）图1中，序号②模拟人体呼吸系统中的　　　　，序号③模拟人体的　　　　。

（2）施救时，应注意对不同人群挤压的部位不同，并且尽量不造成再次伤害。据图2分析，对儿童或成年人进行急救时，应快速向后上方挤压其　　　　部。挤压会导致被救者膈顶上升→胸腔容积　　　　→肺内气压　　　　→肺内气体推动异物向外移动。此过程相当于图1模型中的　　　　。

答案：（1）肺　膈肌　（2）上腹　减小　升高　甲

解释：（1）图1呼吸运动模型中，①代表呼吸道，②代表肺，③代表膈肌。（2）对儿童或成年人的海姆立克急救法，是通过突然、迅速地挤压患者上腹部（膈肌下方），使膈肌快速向上移动，就如同在短时间内人为地让膈肌进行了图1的甲过程。由于膈肌的快速上移，胸腔容积急剧缩小，肺内压力迅速升高，从而驱使肺部残留的空气形成一股强大的气流，将堵塞在气管内的异物冲出，恢复气道的通畅。

4.8　血液

概念本体　血液

概念释义　血液是由血浆和血细胞组成的。血浆是血液中的液体部分，含有大量的水，主要作用是运载血细胞，运输维持人体生命活动所需的物质和体内产生的废物；血细胞包括红细胞、白细胞和血小板。血液在人体中具有运输、防御和保护等功能，是维持人体生命活动的重要物质。

概念解读　血液是身体里一条奔腾不息的"生命之河"，血管则是四通八达的"河道"，它们相互连通，让血液能够流淌到身体的每一个角落。

图 4.8-1　血液成分示意图

血浆是这条"生命之河"里的河水，它占据了血液的大部分空间。里面溶解着各种各样对身体至关重要的物质，就像河水里溶解着丰富的矿物质和养分一样。蛋白质、葡萄糖、无机盐等物质都溶解在血浆里，随着血浆在血管"河道"中流动，为身体各个组织和器官提供营养，维持它们的正常运转。

红细胞是在"生命之河"中航行的"氧气运输船"，长得像两面凹进去的圆盘，里面装满了"氧气储存箱"血红蛋白。当流经肺部时，"氧气运输船"上的"储存箱"就会迅速装满氧气。随后，这些"小船"顺着"河道"航行，将氧气送到身体的每一个细胞。要是红细胞数量不够，即"氧气运输船"不足，细胞就会因得不到充足的氧气而"罢工"，我们就会感到浑身没劲儿、头晕目眩，也就是出现贫血症状。

白细胞是"护卫舰队"。当细菌、病毒入侵身体时，白细胞会立刻从"生命之河"中奔赴战场，吞噬、消灭入侵者，保护身体免受细菌、病毒侵害。

血小板则是一群心灵手巧的"河道抢修员"。一旦身体受伤流血，就相当于"河道"出现了"缺口"。此时，血小板会迅速聚集到伤口处，它们相互"牵手"，形成一道临时的"堤坝"，堵住"缺口"，起到止血的作用；同时，血小板还会释放一些特殊物质，加速血液凝固，进一步阻止血液外流。

概念应用

1. 如何看懂血常规化验单？如果红细胞计数和血红蛋白的值低于正常范围，就可能患有贫血。如果白细胞计数高于正常范围，说明身体内可能有炎症。例如，肺炎等细菌感染的情况下，白细胞会增多去对抗病菌。如果白细胞计数低于正常范围，可能表示身体免疫力下降，或者受到一些特殊病毒感染，甚至有可能是骨髓造血功能出现了问题。如果血小板计数低于正常范围，身体受伤时可能会出血不止。例如，皮肤上容易出现瘀斑，流鼻血不容易止住等。血小板计数过高也不好，可能会增加血液黏稠度，有形成血栓的风险。

2. 贫血是怎么回事？贫血大多是因为身体里的红细胞数量太少，或者红细胞里的血红蛋白含量不足导致的。这时候，身体没办法获得足够的氧气，我们就会没精神，脸色也会变得苍白，稍微运动一下就觉得很累。为了预防贫血，我们要多吃一些富含铁和蛋白质的食物，如瘦肉、鸡蛋、菠菜等，这些食物能帮助身体制造更多健康的红细胞。

3. 白血病与骨髓移植技术：白血病是一种严重的血液疾病，也被称为血癌。正常情况下，骨髓中的造血干细胞会有序地分化成各种血细胞，维持血液系统的正常功能。但在白血病患者体内，骨髓中的造血干细胞发生了异常变化，产生了大量异常的白细胞。这些异常白细胞会疯狂增殖，却无法像正常白细胞那样发挥免疫防御作用，不仅会导致身体的免疫力大幅下降，还会导致患者的红细胞、血小板数量减少，出现贫血、出血不止的症状。治疗白血病的重要手段之一就是骨髓移植技术。清除患者体内的异常细胞后，将与患者配型成功的健康供者的骨髓移植到患者体内，其中含有的新的造血干细胞通过分裂、分化，逐渐替代患者体内原来异常的造血干细胞，重新建立起正常的造血和免疫功能。

例题讲解

1. 当人体受伤流血时，能快速聚集在伤口处发挥止血作用的是（　　）。

　　A. 红细胞　　　　　B. 白细胞　　　　　C. 血小板　　　　　D. 血浆

　答案：C

　解释：红细胞主要负责运输氧气（A）；白细胞主要参与人体的免疫防御，对抗病菌（B）；血浆主要起运输血细胞、营养物质和代谢废物等作用（D）。血小板的主要功能是止血和凝血。当身体受伤流血时，血小板会迅速聚集在伤口处，相互粘连形成血栓，堵住伤口从而止血，所以在伤口止血过程中发挥主要作用的是血小板，应该选 C。

2. 一位同学经常头晕、面色苍白，到医院检查后发现其体内血红蛋白含量低于正常水平，他可能患有（　　）。

　　A. 炎症　　　　　　B. 贫血　　　　　　C. 坏血病　　　　　D. 夜盲症

　答案：B

　解释：炎症通常由病菌感染等引起，可能会导致白细胞数量异常（A）；坏血病是缺乏维生素 C 导致的（C）；夜盲症是缺乏维生素 A 引起的（D）。贫血通常是指人体红细胞容量低于正常范围下限的一种常见综合征。红细胞中血红蛋白含量过低是贫血的重要指标之一，该同学血红蛋白含量低于正常水平，且有头晕、面色苍白的症状，符合贫血的表现，所以选 B。

4.9　血管

概念本体　血管

概念释义　血管是血液在人体内流动所经过的管道。根据构造和功能的不同，血管分为动脉、静脉和毛细血管三种类型。动脉把血液从心脏输送到身体各部分；静脉把身体各部分的血液送回心脏；毛细血管则连通于最小的动脉与静脉之间。

概念解读　血管是身体里神奇的管道系统，遍布全身，让血液能够顺利地到达身体的每一个角落。

　　动脉像城市里宽阔的"主干道"，但它是单向通行的，任务是把心脏的血液快速输送到身体各处。动脉的管壁比较厚，富有弹性，就像坚固的橡胶水管。这是因为心脏泵血时力量很大，只有厚实且有弹性的管壁，才能承受住这种压力，保证血液像高速公路上的车流一样快速、稳定地向前流动。我们摸摸手腕或者脖子，感受到的"咚咚"跳动的脉搏，就是动脉随心脏收缩和舒张而产生的跳动。

静脉是血液的"返程之路"，它负责把身体各个部位的血液送回心脏。静脉的管壁相对较薄，弹性也没那么好。不过，它有特殊的"秘密武器"——静脉瓣。这些静脉瓣就像一个个单向的小阀门，能防止血液倒流，让血液只能朝着心脏的方向流动。

毛细血管是连接动脉和静脉的"小胡同"，它非常细，只能允许红细胞单行通过；管壁特别薄，只有一层细胞那么厚。在这里，血液中的氧气、营养物质会透过管壁进入身体的细胞里，细胞产生的二氧化碳和其他废物也会透过管壁进入毛细血管，然后随着血液被带走。

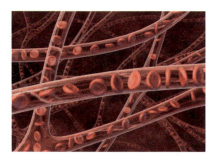

图 4.9-1　毛细血管结构示意图

概念应用

1.为什么护士在抽血或者输液时要先绑胶皮管再扎针？首先，抽血或者输液时，护士会找我们的静脉扎针，这是因为静脉通常在身体比较浅的位置，而且静脉里的血压比较低，血液流动速度相对较慢。扎针时绑的胶皮管叫作压脉带，绑在刺入部位的上方（近心端），暂时阻止手臂静脉血液回流到心脏，静脉就会因为血液的充盈而变得更粗、更明显，这样护士就能更容易找到血管，准确地把针扎进去。

2.静脉曲张是怎么形成的？有些人的腿上会出现像蚯蚓一样弯弯曲曲的青筋，这就是静脉曲张。长时间站立或久坐不动或者静脉瓣老化失去功能时，静脉血液就会回流不顺畅，滞留在静脉中，血管就会变得又粗又弯，导致静脉曲张。

例题讲解

血栓是影响人类健康的"影子杀手"，了解血栓对于指导我们健康地生活具有重要意义。

內皮细胞
血管腔

血管壁

图 1

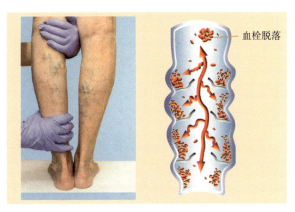

血栓脱落

图 2

(1) 血管是人体内血液流通的管道，包括 _____ 、静脉和 _____ 。如图 1 所示，此动脉内表面的 _____ 细胞出现损伤，血细胞中参与止血功能的 _____ 聚集在受损处进行修复。若在修复过程中发生异常，会形成凝血块，进一步产生血栓。_____ 是把血液从心脏送到身体各部分的血管，所以动脉血栓形成可导致组织缺血和坏死，严重时甚至危及生命。

(2) 如果下肢静脉发生血栓，如图 2 所示，会使 _____ （填结构名称）关闭不全，导致血液不能顺利回流，甚至引发下肢水肿。血栓的危害远不止于此，若静脉血栓大量形成并脱落，它们会经由 _____ （血管类型）抵达心脏，还可以继续经由肺动脉抵达肺部，可引发肺栓塞，造成患者呼吸困难。

答案：（1）动脉　毛细血管　内皮　血小板　动脉　　（2）静脉瓣　静脉

解释：（1）血管分为动脉、静脉和毛细血管三种类型，所以前两空分别填动脉、毛细血管。血管内表面是一层内皮细胞，所以第三空填内皮。血小板具有止血和加速凝血的作用，当血管受损时，血小板会聚集在受损处。动脉的功能是把血液从心脏送到身体各部分。（2）静脉瓣的作用是防止血液倒流，当下肢静脉发生血栓时，可能会破坏静脉瓣的结构，使其关闭不全，导致血液不能顺利回流。下肢静脉的血液通过静脉回流到心脏，若静脉血栓脱落，会随着静脉血流经各级静脉抵达心脏，所以第二空填静脉。

4.10　心脏

概念本体　心脏

概念释义　心脏是人体的重要器官，主要由心肌构成，是血液循环的动力器官。

它如同一个强有力的泵，通过有节律地跳动，推动血液在血管中不停地循环流动，为全身组织和器官输送氧气及营养物质，同时带走代谢废物，维持人体正常的生理功能。

概念解读 心脏是人体中至关重要的"泵"。它位于胸腔中部偏左下方，外形恰似一个倒置的桃子，大小接近每人自己的拳头。

心脏的心肌就像坚韧且富有弹性的"动力弹簧"。当心肌收缩时，心脏仿佛握紧的拳头，有力地将血液挤压出去；当心肌舒张时，心脏又如同松开的拳头，让血液顺畅地流入。这种有规律的收缩和舒张，形成了稳定的"心跳"节奏，持续推动血液在体内循环。

心脏内部构造精巧，分为四个腔室，即左心房、左心室、右心房和右心室。

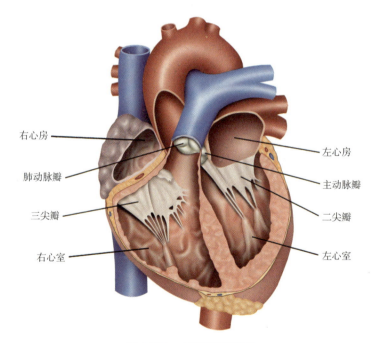

右心房
肺动脉瓣
三尖瓣
右心室
左心房
主动脉瓣
二尖瓣
左心室

图 4.10-1　心脏结构示意图

这四个腔室宛如四个紧密协作的"工作车间"。左心房负责接收从肺部归来的富含氧气的血液，右心房则收纳来自身体各个部位的、含二氧化碳较多的血液。左心室和右心室如同两个强大的"动力引擎"。左心室将左心房的血液强力泵出，通过主动脉输送到全身各处，为身体各组织器官提供充足的能量补给。右心室则把右心房的血液泵入肺动脉，让血液前往肺部进行"净化"，排出二氧化碳，获取新鲜氧气。

　　心脏内部还设有特殊的"单向阀门"——瓣膜。在左心房与左心室之间、右心房与右心室之间有房室瓣，在心室与动脉之间分别有主动脉瓣和肺动脉瓣。这些瓣膜如同精准的"交通指挥员"，确保血液始终按照特定方向流动，防止血液倒流，维持血液循环的有序进行。

概念应用

　　1. 常见的心脏病介绍：心脏病是一类严重威胁人类健康的疾病，常见的有冠心病、先天性心脏病等。冠心病的原因是给心脏供血的冠状动脉被脂肪、胆固醇等物质堆积堵塞，使心脏供血不足，最终可导致心绞痛、心肌梗死等严重后果。一些长期高脂肪、高胆固醇饮食，缺乏运动，高血压、高血脂、有糖尿病的人，患冠心病的风险就比较高。先天性心脏病是胎儿在母体内心脏发育异常导致的疾病。在胎儿发育的过程中，心脏的结构和功能没有正常形成，出生后就会表现出各种心脏问题。例如，室间隔缺损就是心脏左右心室间的间隔在发育时没有完全闭合，使得左右心室的血液可能发生混合，从而影响心脏正常的血液循环，导致孩子生长发育迟缓、易反复感冒、活动耐力差等。先天性心脏病的发生与遗传因素，以及孕期母亲感染病毒、接触有害物质等都有关系。

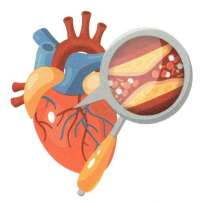

图 4.10-2　冠状动脉堵塞示意图

　　2. 心率与脉搏：心率指的是心脏每分钟跳动的次数；脉搏则是由于心脏跳动，血液冲击血管壁所引起的有节律的搏动，在体表浅动脉处可触摸到。正常情况下，心率和脉搏的次数是一致的。我们可以通过测量脉搏来大致了解心率。比如在运动前后测量脉搏，会发现运动后脉搏明显加快，这是因为运动时身体对氧气和营养物质的需求增加，心脏需要加快跳动，以提供更多的血液，满足身体的需求。成年人安静时的心率通常在 60~100 次 / 分钟，儿童的心率一般比成年人快。如果心率或脉搏出现异常，过快、过慢或者节律不齐，都可能意味着心脏存在一定的问题。经常进行适度的有氧运动，如慢跑、游泳、骑自行车等，心肌会逐渐变得强壮有力，每次收缩时能够泵出更多的血液，心脏的"工作能力"会得到显著提升。专业运动员的心脏，往往比普通人的心脏更具活力和耐力，安静时的心率一般会低于普通人。

例题讲解

1. 心脏是一个主要由（　　）构成的中空的器官。

   A. 神经组织　　　　　B. 上皮组织　　　　　C. 肌肉组织　　　　　D. 结缔组织

   答案： C

   解释： 构成心脏的主要组织是肌肉组织，通过心肌的收缩与舒张实现其血液循环动力器官的功能。神经组织具有感受刺激、传导神经冲动的功能；上皮组织具有保护、分泌的功能；结缔组织种类很多，具有支持、连接、保护、营养等功能，这些都不是心脏的主要构成成分。

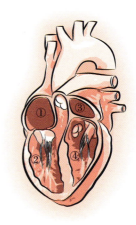

2. 如图所示为人体心脏结构示意图，其中①～④是心脏的四个腔。下列叙述正确的是（　　）。

   A. ④是右心房，其腔壁最厚

   B. ③和④之间有瓣膜，可以防止血液倒流

   C. 与③相连接的血管是肺动脉

   D. ①是左心房，负责接受来自身体各个部位的血液

   答案： B

   解释： 图中④是左心室，不是右心房。心脏四个腔中左心室壁最厚，它要把血液泵向全身，需强大收缩力，A 选项错误。③是左心房，④是左心室，心房和心室之间有瓣膜，能防止血液从心室倒流回心房，所以③和④之间有瓣膜可防止血液倒流，B 选项正确。③是左心房，与其相连的血管是肺静脉，负责将肺部富含氧气的血液送回心脏，C 选项错误。①是右心房，负责接收来自身体除肺部之外各个部位的血液，D 选项错误。

4.11　血液循环

概念本体　血液循环

概念释义　血液循环是指血液在心脏和血管组成的封闭管道系统中周而复始地循环流动，实现了体内物质的运输，维持了人体细胞的正常代谢和生理功能。根据循环路径的差异，可分为体循环和肺循环。

概念解读　血液循环系统是由心脏和血管构成的精密的"封闭式运输网络"，心脏作为动力泵，通过有节律地收缩与舒张推动血液流动，血管则是运输血液的管道，二者协同完成体内物质的运输。

体循环始于左心室，心脏收缩时将富含氧气和营养物质的动脉血泵入主动脉，经各级动脉分支输送到全身组织器官。在毛细血管处，血液与组织细胞进行物质交换：氧气和营养物质透过毛细血管壁进入细胞，细胞代谢产生的二氧化碳等废物进入血液。此时，动脉血因氧气减少变为静脉血，再经各级静脉汇集，通过上、下腔静脉流回右心房。这一过程为全身细胞输送能量和原料，同时带走代谢废物。

肺循环从右心室开始，心脏将含二氧化碳较多的静脉血泵入肺动脉。血液流经肺部毛细血管时，与肺泡进行气体交换：肺泡中的氧气扩散进入血液，血液中的二氧化碳排入肺泡。

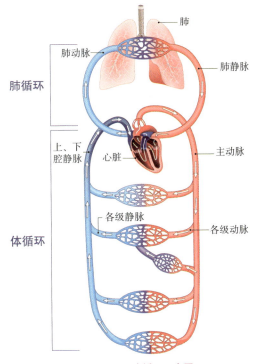

图 4.11-1　血液循环示意图

经过气体交换的动脉血通过肺静脉流回左心房，完成氧气的摄取和二氧化碳的排出。肺循环使血液在流经肺部时与氧气结合，为体循环提供富含氧气的动脉血。

体循环与肺循环同时进行，通过心脏的四个腔室（左心房、左心室、右心房、右心室）和瓣膜结构（房室瓣、动脉瓣）确保血液单向流动，避免逆流。心脏的收缩与舒张形成循环动力，血管则根据功能分为动脉（将血液从心脏输送到全身）、静脉（将血液从全身送回心脏）和毛细血管（物质交换的场所），三者共同构成高效的运输网络。血液循环不仅为细胞提供生存必需的物质，还可以将激素输送至全身靶器官，参与调节体温、物质代谢等过程，从而维持内环境稳定，是生命活动的核心生理过程之一。

概念应用

1. 体外膜肺氧合（ECMO）：ECMO 是一项重要的生命支持技术，应用了血液循环的原理。当患者心肺功能严重受损时，ECMO 通过将体内静脉血引出体外，在体外的氧合器装置中进行气体交换。氧合器模拟肺的功能，使血液排出二氧化碳并摄取氧气，让缺氧血变成富氧血。之后，这些经过净化和氧合的血液，再通过管路输回患者体内的动脉或静脉中，维持全身的血液循环和氧气供应。

2.给药方式不同，药物的循环路径会有何不同？

临床医疗中常会依据药物特性和治疗需求选择不同的给药方式，这种情况下，药物进入血液循环的路径和速度也存在差异。

口服给药：药物经口腔进入消化道，在胃和小肠被吸收进入毛细血管，汇入肠静脉，再经门静脉进入肝脏。在肝脏进行代谢后，经肝静脉进入下腔静脉，流回右心房，经右心室泵入肺动脉，在肺部进行气体交换后，经肺静脉回到左心房、左心室，最后由主动脉输送到全身各处发挥药效。该方式方便，但药物吸收慢，且通过肝脏时，部分药物会被肝脏代谢，降低药效，这种现象也被称为"首过效应"。

静脉注射：将药物直接注入静脉，如手臂的静脉，经上肢静脉、上腔静脉迅速到达右心房，之后的路径与口服给药后续相似。这种方式能使药物快速进入血液循环，发挥作用快，且无肝脏首过效应，可用于急救或治疗重症，但对药物的安全性和无菌性要求高，且操作不当易引发感染等并发症。

肌肉注射：常选择臀大肌、三角肌等部位。药物注入肌肉组织后，先进入肌肉内的毛细血管，经静脉汇入下腔静脉或上腔静脉，再进入心脏，随后经肺循环和体循环分布到全身。例如，疫苗接种多采用肌肉注射，它的吸收速度介于口服给药和静脉注射之间，且能减少肝脏首过效应的影响。

例题讲解

1. 某同学嗓子发炎，医生给他开了口服药，使不适症状得到缓解。药物有效成分被消化道吸收后，随血液循环最先到达心脏的（　　　）。

   A.左心房　　　　　B.左心室　　　　　C.右心房　　　　　D.右心室

   答案：C

   解释：药物有效成分在消化道被吸收后，经小肠绒毛内的毛细血管进入血液，然后经各级静脉，再经下腔静脉流回心脏。下腔静脉与右心房相连，所以药物随血液循环最先到达心脏的右心房，C选项正确。

2. 如图所示为人体的血液循环示意图，下列有关叙述正确的是（　　　）。

   A.图中虚线表示体循环途径，实线表示肺循环途径

   B.当血液流经①时，血液氧气含量减少

   C.当血液流经②后，血液由暗红色变成鲜红色

   D.左心房中流的是动脉血，右心房中流的是静脉血

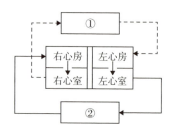

答案：D

解释：图中虚线表示肺循环途径（右心室→肺动脉→肺部毛细血管→肺静脉→左心房），实线表示体循环途径（左心室→主动脉→各级动脉→全身毛细血管→各级静脉→上、下腔静脉→右心房），A 选项错误。①是肺部毛细血管，当血液流经肺部毛细血管时，血液中的二氧化碳扩散进入肺泡，肺泡中的氧气扩散进入血液，血液氧气含量增多，由静脉血变成动脉血，B 选项错误。②是全身各处的毛细血管，当血液流经全身各处的毛细血管时，血液中的氧气扩散进入组织细胞，组织细胞中的二氧化碳扩散进入血液，血液由鲜红色的动脉血变成暗红色的静脉血，C 选项错误。经过肺循环，肺静脉将含氧量高的动脉血送回左心房，所以左心房中流的是动脉血；全身各处的静脉血经上、下腔静脉流回右心房，所以右心房中流的是静脉血，D 选项正确。

4.12　排泄

概念本体　排泄

概念释义　人体的生命活动会产生许多废物，如二氧化碳、尿素等。这些废物必须及时通过各种途径排出体外。人体将尿素、二氧化碳，以及多余的水和无机盐等排出体外的过程叫作排泄。人体有不同的排泄方式，其中，二氧化碳由呼吸系统排出体外，尿素等废物主要由泌尿系统形成尿液排出体外，还有一部分尿素由皮肤通过汗腺排出体外。

概念解读　人体产生的尿素等废物，以及多余的水和无机盐，主要是通过泌尿系统排出的。人体排尿的过程其实就像是一个精心设计的"排水系统"，涉及多个器官。

肾脏：生成尿液的"过滤工厂"。血液流经肾脏时，会进入一个叫肾小球的地方。肾小球里有很多微小的血管，就像筛子上的小孔一样。这些"小孔"只允许水、葡萄糖、无机盐、尿素等小分子物质通过，进入肾小囊，形成原尿。而大分子物质，如蛋白质和血细胞，则被留在了血管里。接着，原尿会进入肾小管。在肾小管里，大部分有用的东西，如大部分水、全部葡萄糖和部分无机盐，会被重新吸收回血液中。剩下的废物就和多余的水分一起形成了尿液。

膀胱：储存尿液的"蓄水池"。由肾脏生成的尿液会顺着输尿管流入膀胱，暂时储存在那里。随着储存的尿液越来越多，膀胱就会逐渐膨胀。

大脑：排尿的"控制中心"。当膀胱里的尿液达到一定量时，膀胱壁上的神经感受器就会向大脑发送信号，说："嘿，膀胱快满了，该排尿了！"大脑接收到这个信号后，就会开始准备排尿。

尿道：尿液排出的"排水口"。当我们决定排尿时，大脑会放松尿道外部的括约肌。同时，膀胱的肌肉会开始收缩，就像用手挤压一个装满水的气球一样，把尿液从膀胱里挤出来。尿液就会顺着尿道排出体外。

排尿是人体主要的排泄方式，它是一个从肾脏生成尿液，通过输尿管输送到膀胱储存，再由大脑控制通过尿道排出的复杂而精细的过程。

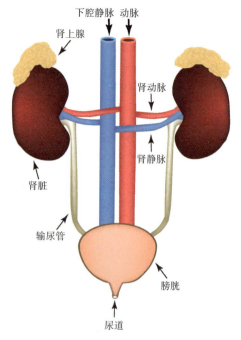

图 4.12-1　泌尿系统结构示意图

概念应用

血液透析与肾脏移植：我们的身体有两个肾脏，它们就像两个"过滤器"，负责过滤血液，排出废物和多余的水分，形成尿液，并通过尿道排出体外。但是，当肾脏因为各种原因导致功能彻底衰竭，无法再完成这项工作时，患者就会出现尿毒症症状，需要通过肾脏替代治疗来维持生命。肾脏替代治疗主要有两种：血液透析和肾脏移植。血液透析需要患者定期去医院，借助机器来过滤血液。肾脏移植则是通过手术，把一个健康的肾脏移植到患者体内，让患者能够重新拥有正常的肾功能。对于尿毒症患者来说，肾脏移植是一种非常有效的治疗方法，它可以让患者重新拥有正常的肾功能，提高生活质量，延长生命。

例题讲解

排尿是人体排出代谢废物的方式之一，对调节体内水盐平衡、维持组织细胞的生理功能有重要作用。尿液的外观、成分等还可反映身体的健康状况。如图为人的尿液形成示意图，据图回答问题。

（1）肾脏结构和功能的基本单位是 _____ 。

（2）尿的形成主要有 A _____ （填名称）和肾小囊内壁的过滤作用、C _____ （填名称）的重吸收作用。

(3) 长期憋尿是导致肾炎的原因之一。尿液产生后会暂时储存在_____中，尿液滞留时间过长极易造成细菌繁殖，并通过输尿管逆行到达肾脏，造成肾脏感染，因此应及时排尿。

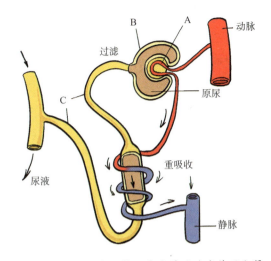

答案：（1）肾单位 （2）肾小球　肾小管 （3）膀胱

解释：（1）肾脏是形成尿液的器官，是组成泌尿系统的主要器官，构成肾脏的结构和功能的基本单位是肾单位。（2）尿的形成主要包括两个连续的生理过程：A 肾小球和肾小囊内壁的过滤作用和肾小管的重吸收作用。当血液流经肾小球时，除了血细胞和大分子的蛋白质外，其余物质可以过滤到肾小囊的腔内，形成原尿。原尿中除了没有血细胞和大分子的蛋白质以外，其他成分几乎都与血浆相同。当原尿流经 C 肾小管时，其中对人体有用的物质，如全部葡萄糖、大部分水和部分无机盐，会被肾小管壁的上皮细胞重吸收。这些物质进入包绕在肾小管外面的毛细血管，然后送回到血液里。而一部分水、无机盐和尿素等未被重吸收的物质则形成尿液。（3）长期憋尿是导致肾炎的原因之一。尿液产生后会暂时储存在膀胱中，尿液滞留时间过长极易造成细菌繁殖，并通过输尿管逆行到达肾脏，造成肾脏感染，因此应及时排尿。

4.13　近视眼

概念本体　近视眼

概念释义　眼是视觉器官，物像只有落在视网膜上，人才能清楚地看到物体。看不清远处物体的眼叫作近视眼。近视眼是由于眼睛的晶状体曲度过大，或眼球的前后轴过长，使平行光线进入眼内后聚焦在视网膜之前，视网膜上无法形成清晰图像。远视眼则正好相反，患者看不清近处的物体。

概念解读　我们的眼睛就像一台照相机，视网膜就如同照相机的底片。正常情况下，外界的光线进入眼睛后，会经过眼球内的角膜、晶状体等结构发生折射，然后聚焦在视网膜上，形成一个清晰的图像。这样，我们就能看清楚外界的东西了。但是，如果眼睛的汇聚能力过强，或者眼球的前后轴过长，就会出现问题。这时，平行光线进入眼内后，会聚焦在视网膜之前，而不是视网膜上，就像照相机的镜头对焦不准确导致底片上的图像模糊一样。因此，我们看远处的东西就会变得模糊不清，这就是近视眼的形成原理。近视眼的形成有遗传因素和环境因素等多种原因，为了预防近视眼的发生，我们可以采取以下措施：保持正确用眼姿势，适当休息眼睛，保证均衡的营养，增加户外活动。

通常对近视眼的矫正就是给眼睛配一个"小助手"，帮助眼睛把光线聚焦到正确的位置。这个"小助手"通常选择凹透镜。凹透镜的特点是中间薄、两边厚，形状有点像一个小碗。光线经过凹透镜后会被发散，能够使原本应该聚焦在视网膜前面的光线正好聚焦在视网膜上。那么，应该如何选择合适的眼镜呢？要去正规的眼镜店或眼科医院进行验光，确定自己的近视度数。根据验光结果，选择度数合适的凹透镜眼镜。佩戴后，如果感觉清晰、舒适，没有头晕、眼胀等不适症状，那么这副眼镜就是适合你的。

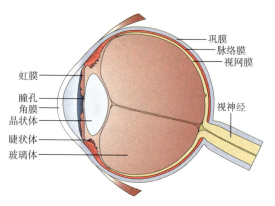

图 4.13-1　眼球结构示意图

概念应用

手术矫正近视的方法有很多种，如激光角膜屈光手术、人工晶体植入术等。激光角膜屈光手术通过改变角膜的曲率来调整屈光系统；而人工晶体植入术通过植入人工晶状体来替代原本晶状体的部分功能，从而调整屈光系统。二者虽方法不同，但目的一致，都是要调整眼球的屈光系统，使光线在经过调整后的屈光系统后，能够正确地聚焦在视网膜上。

激光手术安全吗？激光手术有着创口小、恢复快、效果明确等特点，但也需要注意任何手术都存在风险。激光手术通过激光照射局部组织，利用热量凝结、气化或碳化组织，达到治疗目的。但是临床上并不存在绝对安全的手术，激光手术也不例外。不同类型的激光手术风险程度有所不同。就眼科激光手术而言，其可能存在的风险包括视力矫正过度或不足、感染、干眼等。另外，手术风险还与患者的个体差异，以及医生技术和经验有关。

例题讲解

1. 坚持做眼保健操，有利于预防近视，你坚持得怎么样呢？如图所示为近视眼的成像情况及矫正方法，正确的是（ ）。

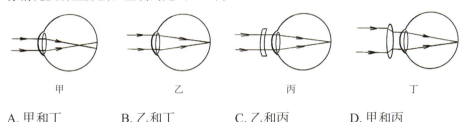

甲	乙	丙	丁

A. 甲和丁 B. 乙和丁 C. 乙和丙 D. 甲和丙

答案： D

解释： 图甲所示的光线在视网膜前汇聚，表示成像落在视网膜的前方，因此表示的是近视眼；图乙所示光线汇聚在视网膜上，因此表示的是正常眼；图丙表示光线经凹透镜发散后落在视网膜上；图丁表示光线经过凸透镜落到视网膜上。因此，正确表示近视眼成像情况及矫正方法的是甲和丙。

2. 定期检查视力可以帮助我们及时、准确地了解自身的视力情况。

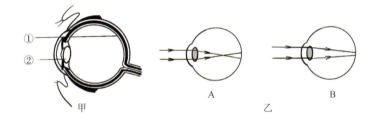

（1）视力正常的人看视力表时，视力表反射的一部分光线进入眼球后，在图甲中［②］_____ 的折射作用下，会在［①］_____ 上形成清晰的物像，而视觉是在 _____ 的特定区域产生的。

（2）小宇在体检时，医生发现他的眼睛轻微近视。近视眼的成像情况是图乙中的 _____（填字母），他可以通过配戴 _____ 透镜矫正视力。

答案：（1）晶状体 视网膜 大脑皮层（2）A 凹

解释：（1）外界物体反射来的光线，经过角膜、房水，由瞳孔进入眼球内部，再经晶状体和玻璃体的折射作用，在视网膜上形成清晰的物像。物像刺激了视网膜上的感光细胞，感光细胞产生的神经冲动，沿着视神经传入大脑皮层的视觉中枢，就形成视觉。（2）近视眼是指眼球的前后径过长或晶体状的曲度过大，远处物体反射来的光线经晶状体折射后，形成的物像落在视网膜的前方，因此看不清远处的物体。可见图乙中的 A 表示近视。近视眼可以通过配戴凹透镜加以矫正。

4.14 耳蜗

概念本体 耳蜗

概念释义 人从外界接收的各种信息中，听觉信息的数量仅次于视觉信息。耳蜗是人体内耳部结构的一部分，因其形状类似蜗牛壳而得名。耳蜗是人体的听觉感受器，它包含上千个能够感知声音频率和强度的毛细胞。外界的声波经过外耳传到内耳，会被这些毛细胞转化为神经电信号，传递至大脑听觉中枢，从而实现对声音的感知。因此，保护耳蜗健康对于维持正常听觉至关重要。

概念解读 当我们处于充满声音的环境中时，声波首先被外耳（包括耳郭和外耳道）收集。耳郭像一个小喇叭，能够聚焦并引导声波进入外耳道。声波在外耳道中传播，并逐渐被放大，直至抵达鼓膜。声波撞击鼓膜，使其产生振动。这种振动非常细微，但足以触发听觉反应。鼓膜的振动通过听小骨进一步传递。这些听小骨像杠杆一样，将鼓膜的振动放大并传递到内耳。内耳中的耳蜗是一个螺旋形的骨管，内部充满了淋巴液。声波引起的振动会扰动耳蜗内的淋巴液，进而刺激基底膜上的螺旋器（由内外毛细胞及支持细胞等组成）。毛细胞是声音感受的关键，它们能够将淋巴液的机械振动转化为神经电信号。然后，这些神经电信号会通过耳蜗神经迅速传递到大脑听觉中枢，在大脑听觉皮层被解码、整合，最终形成我们所感知的声音信息。

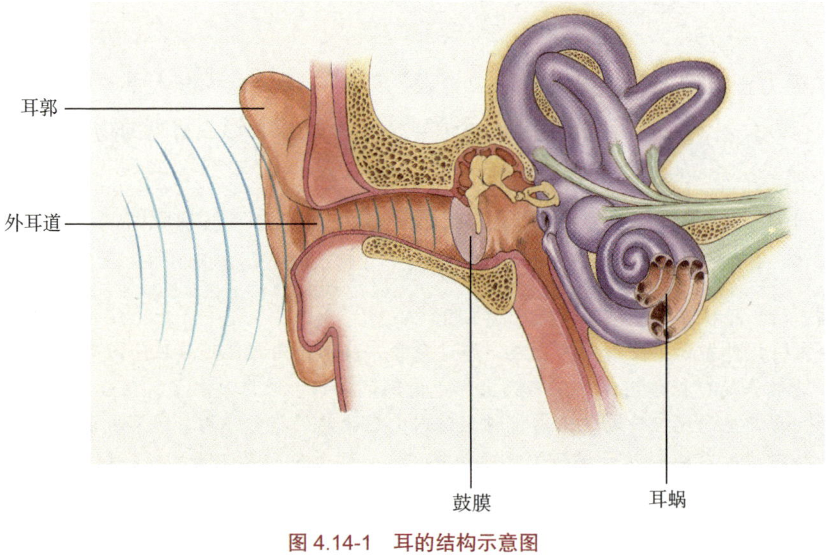

图 4.14-1 耳的结构示意图

耳蜗作为听觉系统的核心部分，其结构复杂且精细，功能强大而独特。耳蜗就像是一个声音的转换器，将外界的物理声波转化为大脑能够理解的神经电信号。通过这一过程，我们才得以感知丰富多彩的声音世界，享受音乐、语言交流等带来的乐趣。

概念应用

1. 保护鼓膜健康，当听到巨大声响时，空气震动剧烈导致鼓膜受到的压力突然增大，容易击穿鼓膜。这时张大嘴巴，可以避免振破鼓膜。这是因为咽鼓管连通咽部和鼓室，张大嘴巴可以使咽鼓管张开，保持鼓膜内外大气压的平衡。同样地，闭上嘴巴的同时用双手堵住耳朵，也可以避免因压力突然改变而损伤鼓膜。所以，遇到巨大声响时，要迅速张嘴，或闭嘴堵耳。

2. 人工耳蜗是现代医学的奇迹之一，专为重度或极重度耳聋患者设计。人工耳蜗由两部分组成：体外部分和体内部分。体外部分包括一个麦克风和言语处理器，它们负责捕捉周围的声音，并将其转换为数字信号。这些信号随后被发送到体内部分，也就是植入在头皮下的接收器。接收器再通过电极阵列，将电信号直接传递到耳蜗内的听神经上。

这就如同在大脑和声音世界之间建立了一条直接的信息高速公路。当听神经接收到这些电信号时，它们会被转化为大脑能够理解的听觉信息。这意味着，即使患者的内耳受损，无法自然地将声音转化为神经电信号，人工耳蜗也能帮助他们重新获得听力。经过一段时间的适应和言语康复训练，许多植入人工耳蜗的患者能够重新理解语言，甚至享受音乐的美妙。人工耳蜗这个小小的奇迹，正改变着无数人的生活，让他们再次听到这个世界的美好。

例题讲解

1. 当遇到巨大声响时，我们要迅速张口，或闭嘴堵耳，其目的是防止损伤（　　　）。

　　A. 听小骨　　　　　B. 半规管　　　　　C. 耳蜗　　　　　D. 鼓膜

答案：D

解释：当听到巨大声响时，空气震动剧烈导致鼓膜受到的压力突然增大，容易击穿鼓膜。这时张大嘴巴，可以避免振破鼓膜。这是因为咽鼓管连通咽部和鼓室，张大嘴巴可以使咽鼓管张开，保持鼓膜内外大气压的平衡。同样地，闭上嘴巴的同时用双手堵住耳朵，也可以避免因压力突然改变而损伤鼓膜。故选D。

2. 每年3月3日为全国爱耳日。下列关于耳卫生保健的说法，正确的是（　　　）。

　　A. 要经常用尖锐的东西挖耳朵以保持外耳道清洁

　　B. 长时间戴耳机大分贝地听音乐不会影响听力

C. 鼻咽部有炎症时，可能引起中耳炎

D. 遇到巨大声响时，迅速闭嘴或张口堵耳

答案： C

解释： 用尖锐的东西挖耳朵，容易损伤外耳道，甚至扎破鼓膜，A 选项错误。长时间戴耳机听音乐，会对鼓膜造成损伤，如果鼓膜受损，会使听力下降，B 选项错误。咽鼓管连通咽部和鼓室，鼻咽部有炎症时，病菌就有可能沿着咽鼓管进入中耳的鼓室，会引发中耳炎，使听力下降，C 选项正确。当听到巨大声响时，空气震动剧烈导致鼓膜受到的压力突然增大，容易击穿鼓膜。这时张大嘴巴，可以避免振破鼓膜。这是因为咽鼓管连通咽部和鼓室，张大嘴巴可以使咽鼓管张开，保持鼓膜内外大气压的平衡。同样地，闭上嘴巴的同时用双手堵住耳朵，也可以避免因压力突然改变而损伤鼓膜。所以，遇到巨大声响时，要迅速张口，或闭嘴堵耳，D 选项错误。

4.15 神经元

概念本体 神经元

概念释义 人的神经系统非常复杂，包含数以百亿甚至千亿计的神经元。神经元，又称神经细胞，是构成神经系统的基本单位，负责接收、整合、传导和传递信息，以实现神经系统的各种功能。

概念解读 我们的身体里有一个超级忙碌的信息传递网络，神经元是这个网络的基本单位。如同大脑和身体的信息传递小使者，神经元的工作既复杂又神奇。神经元的外形像一棵小树，圆滚滚的树干叫作"细胞体"。细胞体包含细胞核、细胞膜和细胞质，是神经元的代谢和营养中心。

细胞体上通常还有许多树枝状的突起，分为树突和轴突两种。树突短而分枝多，就像神经元的"耳朵"，用于接收其他神经元传来的信息；轴突长而分枝少，如同神经元的"长臂"，负责把接收到的信息打包成电信号，传导至其他神经元或效应器。

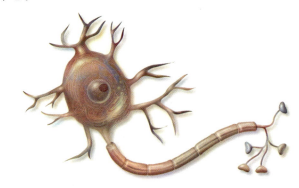

图 4.15-1 神经元结构示意图

神经元之间是怎么传递信息的呢？它们之间有着小小的"接触点"，叫作"突触"。当电信号到达轴突末端时，突触会释放出一种叫作"神经递质"的化学物质，就像快递员一样，把信息送到下一个神经元的树突上。这样，信息就从一个神经元传递到了另一个神经元。

神经元具有多种功能。首先，它们能够感知来自体内外的各种刺激，如光、声、味、触、压等，并将这些刺激转化为神经冲动进行传导。其次，神经元在传导信息的过程中，还具有对信息的整合作用，能够将来自不同感受器的信息进行综合处理，形成对事物的整体感知和认识。此外，神经元还参与机体的各种反射活动，如排尿反射、呼吸反射等，这些反射活动对于维持机体的稳态和适应环境变化具有重要意义。

概念应用

1. 神经网络模型：人工神经网络是一种模仿生物神经网络结构和功能的计算模型。在人工神经网络中，每个节点都代表一个神经元，节点之间的连接代表神经元之间的突触连接。通过训练和调整这些连接和节点的权重，人工神经网络可以模拟生物神经系统的学习和记忆能力。

2. 深度学习：一种基于人工神经网络的机器学习技术，利用深层神经网络模型对大规模数据进行学习和建模，以实现复杂的任务，如图像识别、语音识别和自然语言处理等。深度学习技术的发展离不开对神经元结构和功能的深入研究和理解。

例题讲解

如图所示为神经元结构示意图，相关叙述错误的是（　　　）。

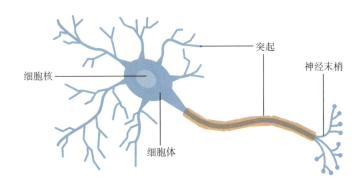

细胞核　　突起　　神经末梢　　细胞体

A. 神经元又叫神经细胞

B. 神经元上有许多突起，数量多而短的叫树突

C. 神经元由细胞体、突起和神经末梢组成

D. 神经元接受刺激后能产生神经冲动，并能把信号传导到其他神经元

答案：C

解释：神经元由细胞体和突起组成，C 选项错误。

4.16　脑

概念本体　脑

概念释义　神经系统是由脑、脊髓和周围神经系统组成的。脑和脊髓是神经系统的中枢部分（也称中枢神经系统），脑神经和脊神经是神经系统的周围部分（也称周围神经系统）。感觉、肢体的运动、内脏器官的活动都与神经系统有关。

概念解读　中枢神经系统这一概念，看似复杂，实则是我们身体的"指挥官"，负责处理各种信息，控制身体活动，还参与记忆、情绪等多种高级功能。

　　脑是其中的"司令部"，负责处理复杂的思维、情感和认知任务。脑的结构非常复杂，主要包括大脑、小脑和脑干等部分。首先是大脑，它由左右两个半球组成，不同区域各自负责不同的功能，是思考、学习和记忆的主要场所。大脑半球表面的灰质结构称为大脑皮层，是中枢神经系统的最高级部分，其功能复杂多样，涵盖感觉、运动、语言、调节等多个

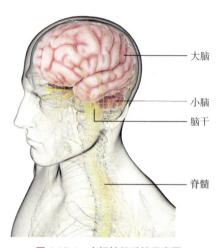

大脑

小脑

脑干

脊髓

图 4.16-1　中枢神经系统示意图

方面。其次是小脑，它位于大脑的下方，主要负责维持身体平衡和协调运动。当我们走路、跑步或做其他运动时，小脑会帮助我们保持平稳，防止摔倒。最后是脑干，它连接大脑、小脑和脊髓，是生命中枢所在，控制着呼吸、心跳和血压等基本生命活动。脑干还参与调节肌肉张力、眼球活动等。

　　脊髓是其中的"通信兵"，负责传递大脑和身体各部分之间的信息。脊髓呈微扁圆柱体，位于椎管内，从大脑下方延伸至尾椎。脊髓由灰质和白质组成，灰质是神经元的细胞体所在区域，负责处理信息；白质则是由神经纤维组成的传导束，负责

传递信息。脊髓的主要功能是传导和反射，一方面接收来自身体各部分的感觉信息，并将这些信息上传到大脑进行处理；另一方面又将大脑发出的运动指令传递到肌肉和腺体，实现各种动作和生理反应。

脑和脊髓之间通过复杂的神经纤维束紧密相连，形成了一个高效的信息处理网络。大脑通过脊髓接收来自全身的感觉信息，并据此做出相应的反应和决策；同时，大脑发出的运动指令也通过脊髓迅速传达到全身肌肉，实现精准的动作控制。这种紧密协作使得我们能够灵活应对各种内外环境的变化，保持生命活动的正常进行。

概念应用

有些人的神经系统由于受到过严重的损伤，致使其中一部分处于死亡或抑制状态，他们有心跳、呼吸，但不能自主活动，没有意识或者意识蒙眬，被称为植物人。植物人因重大脑损伤或疾病导致意识丧失，但仍有生命体征。

植物人状态通常是由各种原因导致的脑组织损害引起的。这些原因可能包括颅脑外伤、溺水、中风（脑梗、脑出血）、窒息等，它们会导致大脑缺血缺氧或神经元退行性改变。当大脑受到严重损伤时，其意识系统可能受到损害，导致患者陷入昏迷状态。然而，由于脑干等关键部位的功能仍然保留，植物人仍然能够维持基本的生理功能，如呼吸、心跳、消化等。

例题讲解

图中 A,B,C 依次是人体有关结构的示意图，据图回答问题。

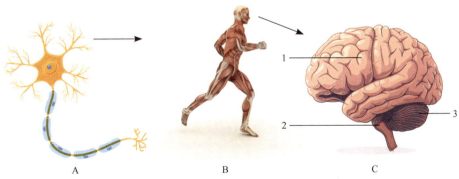

（1）A 是 _____，是构成神经系统结构和功能的基本单位，又叫神经细胞，它由 _____ 和 _____ 组成。

（2）休息时，教练和队员们一起总结优点和不足，沟通需要改进的攻防策略，这个过程离不开 [1]_____ 的表层中与 _____ 有关的神经中枢的参与。

（3）某人因车祸变成了"植物人"，没有意识和感觉，更不能运动。生命体征只有心跳、呼吸和血压，由此可判定其脑结构中的 [ ]＿＿＿＿ 没有受到损伤。

答案：（1）神经元 细胞体 突起 （2）大脑 语言 （3）2 脑干

解释：（1）A 是神经元，是构成神经系统结构和功能的基本单位，又叫神经细胞，神经元包括细胞体和突起两部分。（2）休息时，教练和队员们一起总结优点和不足，沟通需要改进的攻防策略，这个过程离不开大脑皮层的语言中枢的参与。（3）脑干灰质中，有一些调节人体基本生命活动的中枢，如心血管运动中枢、呼吸中枢等。如果这一部分中枢受到损伤，会立即引起心跳、呼吸停止而危及生命。

4.17　反射和反射弧

概念本体 反射和反射弧

概念释义 无论是简单的还是复杂的活动，都是主要靠神经系统来调节的。反射是神经调节的基本方式，是人体通过神经系统，对外界或内部的各种刺激所发生的有规律的反应。反射的结构基础是反射弧。

概念解读 反射是人体的一种生理现象，指的是当身体受到某种刺激时，会自动做出一种快速、无意识或有意识的反应，这种反应就是反射。反射可以分为简单反射和复杂反射两种。简单反射是生来就有的、数量有限、形式固定的反射活动，是人和动物在长期的种系发展中形成的，它使人和动物能够初步适应环境。常见的简单反射有吸吮反射、眨眼反射、缩手反射等。复杂反射则是在生活过程中通过一定条件，在大脑皮层参与下完成的反射，是高级神经活动的基本调节方式，对人和动物的生理活动产生影响。复杂反射是后天获得的，通过学习和训练构建而成，它可以使机体更好地适应复杂多变的环境。

反射弧是实现反射活动的神经结构基础，是机体从接受刺激到发生反应的过程中，神经冲动在神经系统内传导的整个路径。一个完整的反射弧包括五个基本部分：感受器、传入神经、神经中枢、传出神经和效应器。

概念应用

1.缩手反射是人体的一种快速自我保护机制。当我们的手触碰到热物、尖锐物品等有害刺激时，皮肤上的感受器会迅速捕捉到这一信号，并通过神经迅速传递至脊髓的神经中枢。脊髓不需要大脑指令便能直接触发手部肌肉的收缩反应，使手迅速撤离危险源。这一过程几乎在瞬间完成，比大脑处理疼痛信号要快得多，因此我们往往会在缩手后才感觉到疼痛。缩手反射是人体进化中形成的自我保护机制之一，有效避免了手部在不经意间受到伤害。

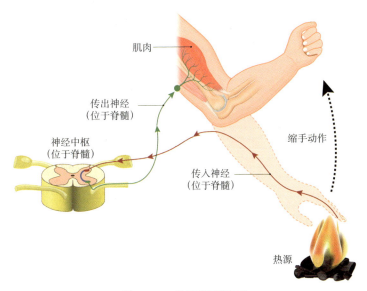

图 4.17-1　缩手反射示意图

2. 排尿反射是人体的一种基本生理反射，负责调控尿液的排放，确保人体内部环境的平衡。当膀胱内尿液充盈到一定程度时，膀胱壁上的感受器会捕捉到这一信息，并通过神经纤维传递至脊髓的排尿中枢。作为低级神经中枢，脊髓能够迅速处理这一信息，并发出指令，通过传出神经纤维传递至膀胱和尿道的肌肉。这些肌肉接收到指令后，会协调运动，使膀胱收缩，同时尿道括约肌松弛，从而将尿液排出体外。排尿反射的调控过程不仅受到脊髓的支配，还受到大脑皮层的调控。当我们处于紧张、焦虑或需要控制排尿的场合时，大脑皮层可以抑制脊髓的排尿中枢，从而暂时抑制排尿反射，使我们能够控制排尿行为。婴幼儿由于泌尿系统还未完全发育成熟，大脑皮层控尿能力相对较弱，因此可能会出现不自主排尿的现象。

例题讲解

尿液的排出是人体通过一系列相关的调节而完成的。平时，膀胱逼尿肌舒张，尿道内括约肌收缩，使膀胱储存的尿液不致外流。如图所示为正常成年人排尿反射过程示意图，据图回答问题。

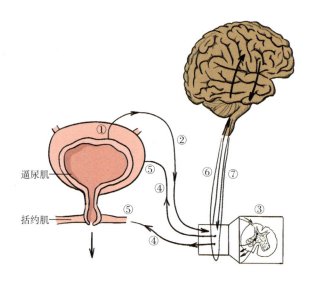

（1）从图中可看出，人在完成排尿时，通过神经调节使膀胱的逼尿肌 _____ （填"收缩"或"舒张"），同时尿道的括约肌 _____ （填"收缩"或"舒张"），尿液顺利排出，该反射调节的结构基础是 _____ ，其中传出神经的神经末梢与其支配的两组肌肉组成 _____ 。

（2）健康成年人的排尿过程，除了上述结构外，还需位于 _____ 中的神经中枢参与，有意识地控制排尿活动。

（3）某患者由于意外受伤出现尿失禁现象，能产生尿意但不能有意识地控制排尿，那么该患者受伤的部位可能是图中的 _____ （填序号）。

答案：（1）收缩　舒张　反射弧　效应器（2）大脑（3）⑦

解释：（1）根据题意，尿液的排出过程中，通过神经调节使膀胱的逼尿肌收缩，同时尿道的括约肌舒张，尿液顺利排出。神经调节的基本方式是反射，反射活动的结构基础称为反射弧，包括感受器、传入神经、神经中枢、传出神经、效应器，其中，效应器由传出神经末梢和它控制的肌肉或腺体组成，接受传出神经传来的神经冲动，引起肌肉或腺体活动。因此，该反射调节的结构基础是反射弧，其中传出神经的神经末梢与其支配的两组肌肉组成效应器。（2）新生儿的排尿反射依次经过图中的①感受器→②传入神经→③脊髓中的神经中枢→④传出神经→⑤效应器，排尿反射的神经中枢位于脊髓，此反射属于简单反射。健康成年人的排尿过程，除了上述结构外，还需位于大脑皮层中的神经中枢参与，有意识地控制排尿活动。（3）肾中形成尿液后，尿液经过肾盂流入输尿管，再流入膀胱储存起来。当膀胱内尿液达到一定量时，膀胱绷紧，人就会产生尿意。正常情况下，在大脑的支配下，尿液经尿道排出体外。题中的某患者脊髓某个部位意外受伤，他能产生尿意（这表明脊髓神经中枢可通过⑥上行传导纤维束将神经冲动传至大脑皮层），却不能控制排尿（这意味着大脑皮层神经中枢产生的神经冲动无法传给效应器），那么他受伤的部位可能是⑦下行传导纤维束。

4.18　激素调节

概念本体　激素调节

概念释义　激素调节是指由内分泌器官（或细胞）分泌的激素对生命活动进行的调节。这些化学物质在体内的含量极少，但对机体的新陈代谢、生长发育、生殖等各种生理功能都有着重要的调节作用。

概念解读　激素调节是身体内部释放"化学信号"，对生理活动进行调节。这些"化学信号"就是激素，由内分泌器官（如甲状腺、胰腺等）或细胞分泌。这些激素会直接进入血液，开始它们的"旅程"。虽然激素在体内的含量很少，它们的作用却非常强大。内分泌腺分泌的激素通过血液循环被运输到全身各处，就像一辆辆"化学快车"在血液中穿梭，寻找它们的"目的地"——靶细胞或靶器官。这一过程涉及激素的合成、分泌、运输和作用等多个环节，共同维持着机体的内环境稳定和生理功能的正常运行。

人体主要的内分泌腺有垂体、甲状腺、肾上腺、胰岛和性腺等，分泌多种激素。

（1）生长激素：由垂体分泌，促进骨骼和肌肉生长，刺激软骨细胞和成骨细胞增殖，促进骨骼纵向生长；增加肌肉蛋白质合成，使肌肉发达。

（2）甲状腺激素：由甲状腺分泌，对机体的生长发育和新陈代谢有广泛的影响，能促进细胞的氧化代谢，增加产热，提高神经系统的兴奋性等。

（3）肾上腺素：由肾上腺分泌，主要调节心血管系统，增加心率和血压，促进葡萄糖产生，并在应激时起到提高身体能量的作用。

（4）胰岛素：由胰岛细胞分泌，能够促进组织细胞对葡萄糖的摄取、利用和储存，从而降低血糖水平，维持血糖的稳定。

（5）性激素：卵巢分泌雌激素、孕激素，睾丸分泌雄激素，促进性征的发育和维持。

激素的分泌和作用受到多种因素的调节，如神经调节、代谢产物的反馈调节等。人体的生命活动主要受到神经系统的调节，但也受到激素调节的影响。

概念应用

1.侏儒症：指患者在生长发育过程中，因生长激素分泌异常或作用障碍，导致身高明显低于同年龄、同性别正常儿童。其主要症状包括身材矮小、生长缓慢等。

2.呆小症，一种因先天性甲状腺功能低下或障碍导致的疾病。患儿会出现一系列特殊症状，如头大颈短、面部臃肿、眼睑水肿、眼距宽、鼻梁宽平、毛发稀疏等，同时伴随智力低下和生长发育迟缓。

3.糖尿病：一种慢性代谢性疾病，主要特征是血糖水平持续升高。当身体无法有效利用或产生足够的胰岛素时，就可能引发糖尿病。常见症状包括多饮、多尿、体重减轻和持续的疲劳感。长期的高血糖可能导致心脏病、中风、视网膜病变、肾脏疾病和神经问题等严重并发症。

例题讲解

1. 关于人体激素正确的叙述是（　　）。

　① 是由无导管腺体分泌的 ②直接进入血液 ③其化学本质都是蛋白质 ④血液里含量极少，但对人体有特殊作用

　A.①②④　　　　　　B.②③④　　　　　　C.①②③　　　　　　D.①③④

答案： A

解释： ①激素是内分泌腺分泌的，内分泌腺无导管，①正确；②激素直接进入腺体内的毛细血管里，随着血液循环输送到全身各处，②正确；③激素的化学本质有多种，如蛋白质、类固醇、氨基酸衍生物等，并非都是蛋白质，③错误；④激素含量很少，但作用很大，如果分泌异常就会得相应的病症。④正确。故选 A。

2. 如图所示是男性内分泌系统主要的内分泌腺，据图回答下列问题。

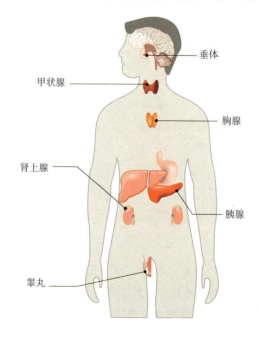

（1）人体总的生长（体重和身高）变化规律与 _____ 所分泌激素的调节作用有密切关系。

（2）当人体出现身体消瘦、情绪易于激动病症，是由于 _____ 分泌的激素过多。

（3）某患者常表现出多食、多饮、多尿、体重减少，可能是 _____ 分泌的激素减少所致。

（4）_____ 分泌的激素能激发并维持人的第二性征。

答案：（1）垂体　（2）甲状腺　（3）胰岛　（4）性腺

解释：（1）垂体分泌生长激素。人体总的生长（体重和身高）变化规律与生长激素的调节作用有密切关系，如幼年时期生长激素分泌不足易得侏儒症。（2）甲状腺激素的主要作用是促进新陈代谢、促进生长发育、提高神经系统的兴奋性。如果成年人甲状腺激素分泌过多，就会导致甲状腺功能亢进，患者虽食量大增，身体却逐渐消瘦，情绪易于激动，失眠健忘，心率和呼吸频率偏高。（3）人体内胰岛素分泌不足时，血糖合成糖元和血糖分解的作用就会减弱，最终导致血糖浓度升高超过正常值，一部分血糖就会随尿排出体外，形成糖尿病。多食、多饮、多尿、体重减少正是糖尿病的表现，所以可能是胰岛分泌的激素减少所致。（4）性腺分泌性激素（雌激素或雄激素），能促进生殖细胞的生成和生殖器官的发育，激发并维持第二性征。

5 动物的运动和行为*

5.1 运动系统

概念本体　运动系统

概念释义　运动系统由骨、关节和骨骼肌组成。骨通过关节等方式相连形成骨骼，构成人体的基本框架，支持体重、保护内脏器官；骨骼肌附着在骨骼上，在神经系统的支配下，骨骼肌收缩，牵动骨绕关节（骨连结的主要形式）活动，产生运动。运动系统不仅能使身体产生各种运动，还对身体起着支持和保护的重要作用。

概念解读　骨、关节和骨骼肌共同构成人体的运动系统，它们相互协作，就像机器里配合默契的不同零件，共同完成各种运动。

　　每一块骨都像是构建大厦的钢梁，有着特定的形状和位置，它们彼此相连，组成了坚固又灵活的骨骼。例如，大腿的股骨粗壮且坚硬，承受着身体的重量，为站立和行走提供稳定的支撑；手部的众多小骨则像精巧的零件，组合在一起，让我们的手能够做出抓握、书写等细微动作。

　　关节是骨连结的主要形式，它就像机器上那些能灵活转动的"转轴"或"铰链"，让骨之间能够顺畅地活动。关节头和关节窝表面的关节软骨就像涂了润滑油的"缓冲垫"，减少骨之间的摩擦，让活动更加顺畅。关节囊是一种薄薄的纤维囊，如同一个坚韧的"保护罩"，紧紧包裹着关节。它能够分泌滑

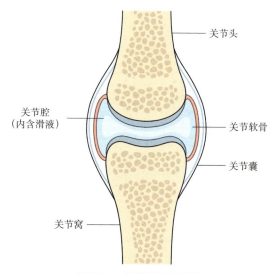

图 5.1-1　关节结构示意图

关节头

关节腔（内含滑液）

关节软骨

关节囊

关节窝

* 注：本章部分内容在新课标中已调整或删减，但仍有学习价值，不妨加以了解。

液，减少关节活动时的摩擦，保证关节的灵活性和稳定性。关节腔里的滑液好似机器里的"润滑剂"，进一步降低摩擦，使关节活动自如，让我们能轻松完成各种复杂的动作。

骨骼肌附着在骨骼上，像一条充满弹性和力量且粗细不一的"强力橡皮筋"，两端的肌腱如同橡皮筋两端牢固的"挂钩"，紧紧地附着在不同的骨头上，将肌肉与骨骼紧密相连；中间的肌腹则类似于橡皮筋中粗壮有力的部分，它由众多肌细胞构成。当神经系统下达运动指令时，骨骼肌就像接到启动信号的发动机，会迅速收缩。比如我们做屈肘动作时，肱二头肌收缩，就像橡皮筋缩短产生强大的拉力，通过肌腱拉动前臂骨绕肘关节转动，同时肱三头肌舒张配合，完成屈肘动作。众多骨骼肌相互配合，就像一群协同工作的发动机，让身体能够做出各种各样的动作。

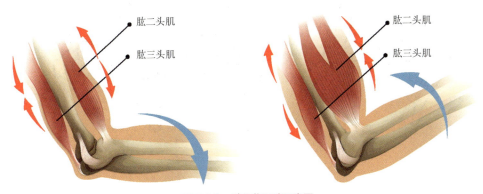

图 5.1-2　肘关节运动示意图

运动过程中，骨可以看作杠杆，而关节就如同杠杆绕着转动的支点，起到支撑和改变力的方向等关键作用。当骨骼肌受到神经传来的刺激而收缩时，会牵拉骨绕关节完成运动。

概念应用

在日常生活和运动过程中，运动系统很容易受到损伤。例如，打篮球时经常会出现崴脚的情况，这是因为脚踝关节突然受到过度的扭转力，导致关节周围的韧带、肌肉等组织受伤。另外，还有可能发生脱臼，也就是关节头从关节窝中脱出的现象，常见于肩膀、肘关节等活动度较大的关节。脱臼后，关节会出现明显的疼痛、肿胀，活动也会受到极大限制。

为了预防这类损伤，运动前一定要做好充分的热身活动，让关节和肌肉得到预热，提高它们的灵活性和反应能力；运动时要选择合适的场地和装备，佩戴护腕、护膝等护具，为关节提供额外的保护；同时，掌握正确的运动技巧也至关重要，避免错误的动作姿势对运动系统造成伤害。

例题讲解

人工关节置换术采用金属、高分子聚乙烯、陶瓷等材料，根据人体关节的形态、构造及功能制成人工关节假体，通过外科技术植入人体内，代替患病关节功能，达到恢复关节功能的目的。图甲为关节示意图，图乙为股骨头置换手术示意图，请回答下列问题。

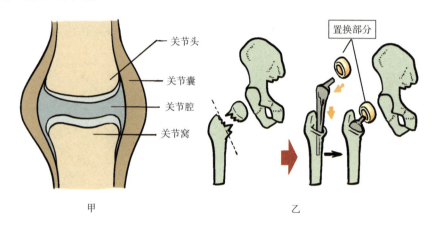

(1) 图甲中能够将两块骨牢固地连在一起的结构是 _____。运动用力过猛会使关节头从 _____ 中滑脱出来，这种现象在医学上称为 _____。

(2) 关节在运动中起 _____ 作用。骨骼肌受到 _____ 传来的刺激而收缩时，就会牵拉 _____ 绕关节活动，于是躯体就会产生运动。

(3) 图乙中的置换部分相当于关节中的 _____。从形态结构上可判断，该手术治疗的是 _____（填"膝关节"或"髋关节"）的疾病。

答案：（1）关节囊　关节窝　脱臼（2）支点　神经　骨（3）关节头　髋关节

解释：（1）关节囊包绕着整个关节，把相邻的两块骨牢固地连在一起。关节头从关节窝中滑脱出来的现象叫作脱臼。（2）在运动过程中，骨可以看作杠杆，而关节就如同杠杆绕着转动的支点。骨骼肌受到神经传来的刺激而收缩时，会牵拉骨绕关节完成运动。（3）观察图乙中置换部分的形态，它类似关节结构中凸起的关节头部分，人工关节置换术中的置换部分就是模拟关节头的功能和形态来制作的。从图乙中可以看出，该关节连接下肢与躯干，符合髋关节的位置和形态特征。

5.2 先天性行为

概念本体 先天性行为

概念释义 先天性行为是指动物生来就有的、由动物体内的遗传物质所决定的行为。这些行为是生物体在长期进化过程中，为了适应自然环境、确保生存和繁衍而形成的。例如，蜜蜂采蜜、蜘蛛织网、鸟类迁徙等都是典型的先天性行为。人类的先天性行为也多种多样，如新生儿的吸吮反射、抓握反射等，这些行为有助于婴儿获取食物和保护自己。

概念解读 动物的先天性行为多种多样，如取食行为、防御行为、繁殖行为和迁徙行为等。它们就像生物体内预设的一套套"操作指南"，深深编码在生物的基因之中，随着生命的诞生一同降临。这些行为不是通过后天的学习或经验积累获得的，而是由生物漫长的进化历程塑造而成，是生物为了适应环境、确保生存和繁衍而进化出的"生存秘籍"。

在人类的世界里，先天性行为同样扮演着重要角色。新生儿的本能反应，如吸吮反射、抓握反射（也称握持反射）这些看似简单的动作，实则是婴儿生存的基础。它们帮助婴儿在早期发育阶段自我保护、获取食物，与母亲建立联系，为后续的成长打下坚实的基础。

先天性行为不仅限于与生存相关的行为表现，还包括一些社交行为。比如，某些鸟类在求偶时会展现出特定的舞蹈或歌唱，这些行为同样是由基因决定的，它们帮助鸟类在复杂的社交环境中找到伴侣，确保种群的繁衍。

概念应用

1. 繁殖行为：动物的求偶行为、育雏行为等都属于繁殖行为，繁殖行为是先天性行为。比如，雄性孔雀在遇到雌性孔雀时，会展开美丽的尾羽（开屏），以吸引雌性的注意并求偶。

2. 鸟类迁徙：许多鸟类会根据季节的变化进行长距离的迁徙，以寻找更适合的生存和繁衍环境。迁徙是鸟类的一种先天性行为，与它们的遗传基因和生理机制密切相关。鸟类会根据地球磁场、日照时间等环境线索，本能地选择迁徙的路线和时间。这一行为有助于鸟类在不利季节寻找更好的生存环境，提高生存和繁衍的成功率。

3. 鱼类洄游：某些鱼类会在特定的季节，沿着固定的路线进行长距离的洄游，以寻找更适合的生存或繁殖环境。鱼类的洄游行为同样是由其体内的遗传物质决定的。

这些鱼类能够根据环境线索（如水温、盐度等）本能地识别并沿着特定的路线洄游。

例题讲解

1. 刚出生的小袋鼠只有人的手指那么大，眼睛还睁不开。它出生时掉在母袋鼠的尾巴根部，靠本能爬向母袋鼠的尾尖，再从尾尖爬到母袋鼠腹部的育儿袋中吃奶。小袋鼠的这种行为属于（　　）。

   A. 先天性行为，需要大脑皮层的参与才能完成

   B. 先天性行为，由动物体内的遗传物质决定

   C. 后天学习行为，靠学习得来

   D. 后天学习行为，靠大脑皮层以下的神经中枢即可完成

   答案：B

   解释：先天性行为是指动物生来就有的、由动物体内的遗传物质所决定的行为，如蜜蜂采蜜、蚂蚁建巢、蜘蛛织网、鸟类迁徙等。先天性行为是动物的一种本能行为，不需要大脑皮层的参与。学习行为不是与生俱来的，而是动物在成长过程中通过生活经验和学习逐渐建立起来的行为，其主要方式是条件反射，主要参与的神经中枢是大脑皮层。题目中小袋鼠的行为属于生来就有、不学就会的先天性行为，由体内的遗传物质所决定，B选项正确。

2. 下列行为中，属于动物的先天性行为的有（　　）。

   ①蜘蛛结网 ②狗熊投篮 ③蚯蚓走迷宫 ④蚕吐丝作茧 ⑤母鸡孵蛋 ⑥人见红灯停车

   A.①③⑤　　　　　B.①②⑤　　　　　C.①④⑤　　　　　D.③④⑥

   答案：C

   解释：①蜘蛛结网、④蚕吐丝作茧、⑤母鸡孵蛋都是由遗传物质所决定的先天性行为。②狗熊投篮、③蚯蚓走迷宫、⑥人见红灯停车都是通过生活经验和学习逐渐建立起来的学习行为。C选项正确。

5.3　学习行为

概念本体　学习行为

概念释义　动物的行为多种多样，从行为的获得途径来看，大致分为先天性行为和学习行为。学习行为是在遗传因素的基础上，通过环境因素的作用，由生活经验和学习而获得的行为。先天性行为是学习行为的基础。

概念解读　学习行为广泛存在于日常生活中。从婴儿时期第一次尝试抓住摇晃的玩具，到成年后掌握一门新的语言或技能，这一切的背后，都是学习行为在默默发

挥着作用。

简单来说，学习行为就是指个体通过经验或练习，在知识、技能、态度或行为上发生的相对持久的变化。这种变化不是偶然的，而是需要付出一定的时间和努力，通过不断尝试、反馈和调整来实现的。举个例子，你正在学习骑自行车。一开始，你可能连上车都摇摇晃晃，更不用说平稳地骑行了。但随着时间的推移，你不断地练习，每次跌倒后都总结经验，调整自己的姿势和力度。终于有一天，你发现自己可以轻松地骑上自行车，穿梭在街道上了。这个过程就是学习行为的一个生动体现。

学习行为不仅包括技能的学习，还包括知识的积累、态度的转变等多个方面。比如，通过阅读书籍，我们可以了解到世界各地的文化和历史，拓宽自己的视野；通过与他人交流，我们可以学会倾听和表达，提升自己的沟通能力。

学习行为是一个持续终身的过程。无论我们处于哪个年龄段、拥有多少知识和经验，都有无限的学习空间。古人曾说"学无止境"，只有不断地学习，我们才能不断地成长和进步。

总之，学习行为是我们适应环境、提升自我、实现价值的重要途径。它如同一盏明灯，照亮我们前行的道路，让我们在人生的旅途中不断发现新的可能。

概念应用

1.学习行为的建立：经典条件反射是由俄国生理学家巴甫洛夫系统研究并提出的。实验中，巴甫洛夫在每次给狗喂食前都会摇响铃铛，经过多次训练后，狗逐渐形成了条件反射，即使只有铃声而没有食物，也会分泌唾液。这种学习方式指的是通过反复将某一条件刺激（如铃声）与某一非条件刺激（如食物）相结合，使动物在单独接受该条件刺激时也能引发类似非条件刺激所引起的反应（如流口水）。这种学习方式在动物行为学中有着广泛的应用，可以用来研究动物的恐惧调节、学

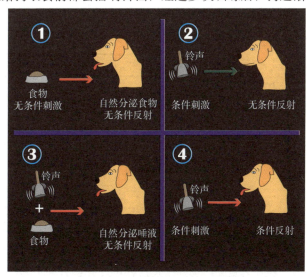

图 5.3-1　巴甫洛夫的狗实验示意图

习记忆等。

2. 小鼠走迷宫实验：小鼠走迷宫实验是动物行为学中一种常用的研究方法，通过观察和实验相结合的方法可以评估小鼠的学习能力。实验的原理在于利用小鼠对食物、水源或环境的本能追求，引导其在预设的迷宫路径中探索，并记录其行为轨迹、决策过程以及完成任务的时间等关键指标。通过观察和实验相结合的方法，研究者可以评估小鼠的空间学习、记忆能力以及问题解决策略等。

3. 鸡的绕道取食实验：鸡的绕道取食实验是一个经典的动物行为学实验，用于探究鸡的学习能力和行为适应。实验者会将一只饥饿的鸡用绳子拴住，绳子绕过一根木桩或纸板等障碍物，使鸡不能直接到达食物处。食物被放置在鸡能看见但无法直接到达的地方。在实验初期，鸡会试图直接到达食物处，但受到绳子的限制而无法成功。经过多次尝试和失败后，鸡会逐渐学会绕道而行，通过绕过障碍物来到达食物处。实验者会记录鸡学会绕道取食所需的时间和尝试次数，以评估其学习能力。这一实验不仅展示了鸡的学习行为，还揭示了动物如何通过经验和学习来适应环境。同时，它也为我们理解动物行为学的基本原理提供了重要的实验依据。

例题讲解

某人误入地下溶洞，为了寻找出口，他不断地做记号，以便更快走出。那么，如果是小白鼠"走迷宫"，会出现什么状况呢？某同学设计了以下探究实验：①设计如图所示的迷宫；②将小白鼠分组编号，实验组正确路口放置彩色纸，对照组不放彩色纸；③将小白鼠逐一放入起点 A，并记录其到达终点 B 的时间；④把数据逐一记入表格（单位：秒）。以下是小白鼠走出迷宫的数据记录，请分析并回答问题。

组别	号别	第1次	第2次	第3次	第4次	第5次
实验组	1号鼠	69	43	12	25	17
	2号鼠	87	49	58	46	41
	3号鼠	53	39	15	32	14
对照组	4号鼠	92	32	38	13	19
	5号鼠	60	41	37	66	33
	6号鼠	63	19	13	30	12

（1）小白鼠的学习行为是建立在 _____ 的基础上的。

（2）假设小白鼠有学习能力，那么这种学习能力能借助个体的生活经验和 _____，使自身的行为发生适应性的变化，有利于动物的 _____。根据实验数据分析，

可以得出的结论是 _____。针对在迷宫的正确路口放置彩色纸这一行为，结
论是 _____。

（3）小白鼠与人相比学习能力较 _____。

答案：（1）先天性行为（2）学习 个体的生存和种族繁衍 小白鼠走迷宫属于学习行为 用
彩色纸做标志能提高小白鼠走迷宫的能力（3）差

解释：（1）从表中的数据可以看出，不同小白鼠通过迷宫花费的时间存在差异，这表明遗
传物质会对学习行为产生影响，并且小白鼠的学习行为是建立在先天性行为的基础上的。
（2）学习行为是动物出生后在成长的过程中通过环境因素的影响，由生活经验和学习逐渐
建立起来的，是在先天性行为的基础上建立的一种新的行为活动，也被称为后天性行为。
将同一小白鼠不同次数的数据进行比较，可得出结论：小白鼠走迷宫属于学习行为。动物
具有学习行为，能够对环境的变化做出有利于生存的反应，有利于个体的生存和种族繁衍。
比较实验组和对照组数据，可以得出结论：用彩色纸做标志能提高小白鼠走迷宫的能力。
（3）学习行为是指在遗传因素的基础上，通过环境因素的作用，由生活经验和学习而获得
的行为。动物越高等，学习能力越强，环境适应能力也就越强。动物越低等，学习能力就
越弱，学会某种行为时"尝试"和"错误"的次数就越多。小白鼠与人相比学习能力较差。

5.4　社会行为

概念本体 社会行为

概念释义 营群体生活的动物有蜜蜂、蚂蚁、狒狒等，它们形成一个社会，具有
一系列的社会行为。具有社会行为的动物，群体内部往往会形成一定的组织，成员
之间有明确的分工，有的群体中还形成等级。

概念解读 社会行为就是指动物（包括人类）在群体中为了生存、繁衍和发展而
展现出的一系列行为模式。这些行为不是孤立的，而是相互影响、相互作用的，它
们共同构成了一个复杂而有序的社会结构。

在人类社会中，社会行为表现得尤为丰富多样。比如，我们通过语言交流思想，
用微笑和拥抱表达情感，通过合作完成任务，这些都是社会行为的重要组成部分。
它们不仅帮助我们建立和维护人际关系，还促进了文化的传承和社会的发展。

动物界中的社会行为同样精彩纷呈。蜜蜂通过特定的舞蹈语言分享花蜜源的位
置，狼群通过协作狩猎来捕获猎物，这些行为都是它们为了适应环境、提高生存机
会而进化出来的。

值得注意的是，社会行为并不是一成不变的。它会随着环境的变化、种群结构

的变化以及个体经验的积累而不断调整和优化。这种适应性使得生物能够更好地适应复杂多变的环境，从而在激烈的生存竞争中占据优势。

总之，社会行为是生物为了适应社会环境而展现出的一系列复杂而有序的行为模式。它不仅是我们理解生物社会性的关键所在，也是推动社会进步和发展的重要力量。通过观察和研究社会行为，我们可以更加深入地了解生物之间的相互作用关系，以及它们是如何共同构建一个和谐共生的社会的。

概念应用

1.群体中的信息交流：在自然界中，动物群体为了生存和繁衍，发展出了多种精妙绝伦的信息交流方式。这些方式不仅帮助它们保持群体内的联系，还能在觅食、防御和繁殖等关键时刻发挥关键作用。比如，蜜蜂是众所周知的"舞蹈家"。当一只蜜蜂发现了一片丰富的花蜜源时，它会回到蜂巢，通过一种被称为"蜜蜂舞"的特殊舞蹈来分享这一信息。这种舞蹈不仅传达了花蜜源的方向和距离，还能让其他蜜蜂通过观察和模仿，准确找到相同的位置。这种舞蹈语言，是蜜蜂群体内部高效沟通的经典例证。海洋中的座头鲸可以通过声音交流信息，雄性座头鲸在求偶季节会发出悠长而复杂的歌声，这些歌声不仅美妙动听，更重要的是，它们包含了座头鲸的身份信息、领地宣言以及对潜在伴侣的吸引力。座头鲸的歌声能够跨越广阔的海洋，将信息传递给远处的同类，是它们社群联系的重要方式。非洲草原上的大象可以通过低频声波进行沟通，这种声波能够穿越数千米的距离，传递

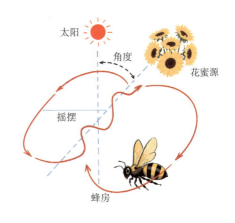

图 5.4-1 蜜蜂的信息交流示意图

关于食物、水源和潜在威胁的信息。这种远距离的"电话"交流，对于大象这种体型庞大、行动相对缓慢的动物来说，是确保群体安全和协调行动的关键。

2.蚂蚁的通信：为了揭示蚂蚁是如何在群体中传递信息的，科学家设计了一系列有趣的通信实验。他们使用三块小石头作为小岛，将它们放置在盛有少许清水的容器内，小岛之间用两根等长的小木条连接起来，就像两座小桥。实验开始时，饥饿的蚂蚁被放置在其中一个岛上，而食物则被放在另一个岛上。蚂蚁们经过一番探索后，成功地找到了食物所在的位置。接下来，实验小组将连接食物岛和蚂蚁起始岛的"桥"与另一个未放置食物的岛对换。令人惊奇的是，蚂蚁并没有像之前那样

爬向有食物的岛，而是直接爬向了那个之前没有任何吸引力的岛。这似乎表明，蚂蚁并不是简单地依靠视觉来记忆食物的位置，而是依靠某种我们看不见的信号。为了验证这一点，科学家在蚂蚁爬过的"桥"上喷了一些有气味的物质，比如香水。结果发现，蚂蚁竟然朝着这些有气味的方向行动。这进一步证实了科学家的假设：蚂蚁是通过气味来进行通信的。实际上，蚂蚁身上有许多腺体，能够分泌一种名为"信息素"的化学物质。这种化学物质就像蚂蚁的"语言"，能够帮助它们在群体中传递信息。例如，当一只蚂蚁发现食物时，它会在回巢的路上分泌相应的信息素，以此告知同类自己发现了食物，并引导它们前来搬运。

例题讲解

1. 下列不属于动物社会行为的是（　　）。

　A. 蜂群中的蜂王、工蜂、雄蜂各有分工

　B. 草原上的雄性头羊总是优先占领配偶

　C. 成群的雄孔雀见到雌孔雀开屏炫耀

　D. 海滩上一群出动的螃蟹

答案：C

解释：成群的雄孔雀见到雌孔雀后开屏炫耀属于繁殖行为，没有明确的分工和等级，所以不属于社会行为，故选 C。

2. 狒狒是一种群居生活的动物，下列关于狒狒社会行为的叙述，不正确的是（　　）。

　A. 群体内形成等级制度，分工合作

　B. 首领最先享用食物，负责指挥整个社群的行为

　C. 群体中无信息交流，个体之间无法取得联系

　D. 首领具有优先占有配偶和选择栖息场所的权力

答案：C

解释：社群生活对动物有利，可以有效地猎食和防御捕食者的攻击，使动物群体能更好地适应生活环境，对维持个体与种族的生存有重要的意义。动物通信是群体成员之间密切合作的前提。例如，狒狒群体内的成员不仅有明确的分工，而且还会形成等级，首领负责指挥、协调内部成员之间的关系，其他成员必须服从首领，首领优先享有食物、配偶等。因此，C 选项不正确。

6 生物多样性

6.1 无脊椎动物

概念本体 无脊椎动物

概念释义 体内没有由脊椎骨组成的脊柱的动物统称无脊椎动物。

概念解读 无脊椎动物是动物界的重要组成部分，它们种类繁多，在形态、结构和生活习性上都展现出了惊人的多样性。从原始的刺胞动物，到结构相对复杂的节肢动物，无脊椎动物涵盖了广泛的类群。

图 6.1-1 无脊椎动物常见类群代表动物

刺胞动物，比如我们熟悉的水螅，它的身体呈辐射对称，这种对称方式使得它从各个方向感知和捕捉猎物的能力较为均衡。水螅通过触手上面的刺细胞来捕食，刺细胞就像一个个暗藏着的"武器库"，遇到猎物时能迅速发射刺丝，麻痹或杀死猎物，然后送入口中。水螅的消化腔简单，有口无肛门，食物和残渣都从同一个开口进出。

扁形动物，如涡虫，身体呈两侧对称。相比辐射对称，两侧对称使动物在运动和感知环境时更具方向性，能够更有效地寻找食物和逃避敌害。涡虫的消化系统虽然还不完善，但已经有了明显的口和咽等结构。而像血吸虫这类扁形动物则营寄生生活，会对人和其他动物的健康造成严重危害。

线虫动物以蛔虫为代表，体表有角质层，消化道前端有口，后端出现了肛门。有的线虫动物，如蛔虫、丝虫等，会寄生在动植物或人体内，损害宿主健康；有的线虫动物则营自由生活，比如秀丽隐杆线虫就以细菌等为食，参与生态物质循环。

环节动物以蚯蚓为典型代表，身体由许多相似的环状体节构成，这种分节的结构使其运动更灵活。蚯蚓在土壤中穿梭，通过肌肉的收缩和舒张以及刚毛的协助，不仅能够改善土壤的通气性和排水性，还能分解有机物，增加土壤肥力，对生态系统的物质循环起着重要作用。

节肢动物是无脊椎动物中种类最多、分布最广的类群，我们熟悉的昆虫就属于节肢动物。节肢动物的身体和附肢分节，体表有坚韧的外骨骼。外骨骼对于节肢动物至关重要，它就像一层坚固的"铠甲"，既保护了内部柔软的器官，又能防止水分过度散失，使节肢动物能够适应各种不同的环境。不过，外骨骼也限制了它们的生长，所以节肢动物会定期蜕皮。

此外，无脊椎动物中常见的类群还有软体动物、棘皮动物等。

概念应用

无脊椎动物在生态系统中扮演着不可或缺的角色。蜜蜂等昆虫在花丛中穿梭采蜜时，帮助无数的植物进行了传粉，促进了植物的繁衍。蚯蚓在土壤中的活动，改善了土壤结构，增加了土壤的肥力，为植物的生长创造了良好的条件。在海洋生态系统中，珊瑚虫分泌的石灰质物质堆积形成珊瑚礁，为众多海洋生物提供了栖息和繁殖的场所。

在人类的生活中，无脊椎动物也有着广泛的应用。虾、蟹等是深受人们喜爱的美食，为人类提供了丰富的蛋白质等营养物质。有些昆虫，如蚕，其吐的丝可以用于纺织，制作出精美的丝绸制品。此外，在医学领域，水蛭分泌的蛭素可以用来生产抗血栓的药物。但同时，也有一些无脊椎动物会给人类带来困扰，例如蚊子会传播疟疾、登革热等疾病，蝗虫大量繁殖会对农作物造成严重损害，影响农业生产。

例题讲解

1. 马陆是一种常见生物，由于具有多对足，常被称为"千足虫"。如图所示，马陆的身体、触角和足都分节，其体表坚韧的"盔甲"可以保护内部结构和减少水分蒸

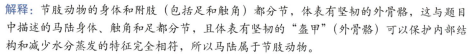

发。据此推测马陆应属于（　　）。

A. 环节动物

B. 节肢动物

C. 软体动物

D. 爬行动物

答案： B

解释： 节肢动物的身体和附肢（包括足和触角）都分节，体表有坚韧的外骨骼，这与题目中描述的马陆身体、触角和足都分节，且体表有坚韧的"盔甲"（外骨骼）可以保护内部结构和减少水分蒸发的特征完全相符，所以马陆属于节肢动物。

2. 蛔虫寄生在人体肠道内，它的身体结构有一系列特征与这种生活方式相适应。下列叙述正确的是（　　）。

A. 消化系统复杂，有利于消化丰富的营养物质

B. 运动器官发达，有利于在肠道内运动

C. 体表的角质层发达，以避免被消化酶分解

D. 生殖器官退化，以减少子代数量从而减轻对寄主的危害

答案： C

解释： 蛔虫是线虫动物的代表，其与寄生生活相适应的特点有：①蛔虫的营养物质来源主要是寄主体内的半消化食物，所以蛔虫的消化道简单；②蛔虫寄生在人体小肠内，没有专门的运动器官；③蛔虫体表有角质层起到保护作用；④蛔虫的生殖器官非常发达，每条雌虫每日排卵约 24 万个。

6.2 脊椎动物

概念本体 脊椎动物

概念释义 身体内有由脊椎骨组成的脊柱的动物叫作脊椎动物。

概念解读 脊椎动物在动物界占据重要地位，它们的身体结构和生理机能更为复杂和完善。由脊椎骨组成的脊柱贯穿脊椎动物的身体中轴，为整个身体提供强有力的支撑；脊柱内部的椎管容纳并保护着中枢神经系统的重要组成部分——脊髓；脊柱还与肌肉、关节协同作用，许多重要的肌肉群连接在脊柱上，实现各种复杂的运动。

图 6.2-1 脊椎动物常见类群代表动物

作为脊椎动物中种类最多的类群，鱼类有着独特的适应水生生活的特征。以鲫鱼为例，它的身体呈流线型，能极大地减小在水中游动时受到的阻力。鱼类用鳃呼吸，鳃丝中密布着毛细血管，能够从水中摄取氧气，排出二氧化碳，完成气体交换。鳍是鱼类的运动器官，背鳍、胸鳍、腹鳍、臀鳍和尾鳍相互配合，使鱼类能够灵活地控制身体的方向和运动方式，实现前进、转向、上浮和下沉等动作。

两栖动物是从水生向陆生过渡的类群，青蛙是典型代表。蝌蚪是青蛙的幼体，外形像小鱼，用鳃呼吸，生活在水中。随着生长发育，蝌蚪逐渐发育为蛙，成蛙用肺呼吸，皮肤辅助呼吸，既可以生活在陆地上，也能在水中活动。青蛙的皮肤湿润且薄，布满了毛细血管。两栖动物对环境的依赖性较强，分布范围也相对较窄。

爬行动物是最早完全适应陆地生活的脊椎动物之一，蜥蜴、蛇、龟都是常见的代表。它们的体表覆盖着角质的鳞片或甲，不仅能够保护身体免受外界伤害，还能有效防止水分散失，使爬行动物能够在干旱的陆地环境中生存。爬行动物用肺呼吸，并且它们的卵具有坚韧的卵壳，这层卵壳为胚胎的发育提供了保护，同时也减少了水分的蒸发，使爬行动物的繁殖摆脱了对水的依赖。

鸟类是适应飞行生活的脊椎动物，其身体结构都是为飞行而设计的。身体呈流线型，前肢特化为翼。鸟类的骨骼轻、薄、坚固，有些骨内部中空，大大减轻了体重，有利于飞行。胸肌非常发达，为飞行提供了强大的动力。鸟类用肺呼吸，并且有气囊辅助呼吸，气囊能够储存空气，使鸟类在飞行过程中实现双重呼吸，确保在高空飞行时能够获得足够的氧气。鸟类的消化系统也适应了飞行生活，食量大，消化能力强，能够快速摄取和消化食物，获取能量。

哺乳动物是脊椎动物中最高等的类群，具有胎生、哺乳的特征。以家兔为例，胎生方式使得幼体在母体内能够得到更好的保护和营养供应，大大提高了幼体的成活率。哺乳则为幼体提供了富含营养和抗体的乳汁，增强了幼体的抵抗力。家兔体表被毛，具有很好的保温作用，能够维持恒定的体温，适应各种环境温度的变化。哺乳动物具有高度发达的神经系统和感觉器官，能够敏锐地感知外界环境的变化，并迅速做出反应，这使得它们在复杂多变的生态环境中具有很强的适应能力。

概念应用

脊椎动物与人类的生活息息相关。在农业方面，鸡、鸭等家禽可以提供肉、蛋等丰富的食物资源；牛、羊等家畜不仅能提供肉类和奶制品，还能帮助人们进行农业生产，如耕地、运输等。在医疗领域，利用动物进行医学实验，对研究人类疾病的治疗和预防起到了重要作用。例如，小白鼠等哺乳动物在药物研发过程中被广泛使用，通过对它们进行实验，能够了解药物的疗效和安全性，为人类的健康做出贡献。

在生态系统中，脊椎动物也起着重要的作用。食草动物控制着植物的生长速度和范围，食肉动物则控制着食草动物的数量，维持着生态系统的平衡。例如，狼对鹿群数量的控制，避免了鹿群过度繁殖对植被造成破坏。然而，一些脊椎动物也会给人类带来麻烦，比如老鼠会偷吃粮食、传播疾病，影响人类的生活和健康。

例题讲解

1. 如图所示为三种动物的呼吸器官，下列相关描述错误的是（　　）。

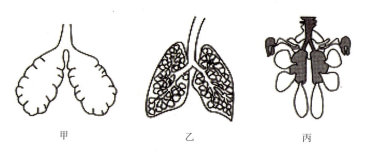

甲　　　　　　乙　　　　　　丙

　A. 甲为蛙的肺，容量有限，需要皮肤辅助呼吸

　B. 乙为人的肺，由细支气管分支和肺泡组成

　C. 丙为鸟的肺和气囊，都可以进行气体交换

　D. 甲、乙、丙三者结构与其生活环境相适应

答案：C

解释： 甲是青蛙的肺，呈囊状，获取氧气的能力较差，需要皮肤辅助呼吸；乙为人的肺，是气体交换的场所，由细支气管的树状分支和肺泡组成；丙为鸟的肺和气囊，鸟类的气囊与肺相通，可以储存空气，辅助肺进行双重呼吸，但气囊本身不能进行气体交换，C选项错误；虽然蛙、人和鸟类的呼吸器官不同，但是三者的结构均与各自的生活环境相适应。

2. 2021年2月，新版《国家重点保护野生动物名录》颁布，下列动物都在名录中，其中属于爬行动物的是（　　）。

A. 川金丝猴　　　　B. 红腹锦鸡　　　　C. 中华鲟　　　　D. 玳瑁

答案： D

解释： 川金丝猴属于哺乳动物；红腹锦鸡属于鸟类；中华鲟属于鱼类；玳瑁体表覆盖甲，可以减少体内水分的散失，用肺呼吸，卵表面有坚韧的卵壳，属于爬行动物。

6.3　细菌

概念本体　细菌

概念释义　细菌是一类具有细胞壁的单细胞原核微生物。它们个体微小，结构简单，没有成形的细胞核。细菌广泛分布于土壤、水、空气以及生物体内外等各种环境中，与人类关系密切，在生态系统的物质循环中发挥着重要作用。

概念解读　在漫长的人类发展历程中，细菌的发现可谓是一次重大突破。17世纪，荷兰人列文虎克利用自制的显微镜，首次观察到了这些微小的生命，为人类打开了微观世界的大门。细菌的个体极其微小，多数细菌的直径在0.5~5微米，只有借助显微镜，才能一窥它们的"真容"。

　　细菌的形态：细菌形态多样，主要分为球菌、杆菌和螺旋菌。球菌外形近似球形，常聚集成链状或团状，如葡萄球菌、肺炎双球菌、链球菌；杆菌呈杆状，如大肠杆菌、枯草芽孢杆菌、破伤风杆菌、炭疽杆菌、乳酸杆菌；螺旋菌呈螺旋形或者弧形，霍乱弧菌就是典型代表，它呈逗号状，能引发严重的肠道传染病。

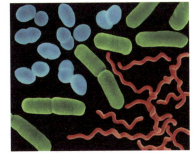

图 6.3-1　三种形态的细菌

　　细菌的结构：细菌是单细胞生物。细胞壁在最外层，犹如一层坚不可摧的铠甲，稳稳地守护着细菌，使其在复杂多变的环境中维持自身形状，抵御外界的侵害。细胞膜紧贴细胞壁内侧，精准控制着物质的进出，保障细胞内环境的稳定。在细胞质里，没有像真核细胞那样复杂多样的细胞器，仅有核糖体承担着合成蛋白质的重任，为细菌的生命活动提供必要的物质基础。拟核则是细菌遗传物质 DNA 的汇聚之处，它没有核膜的包裹，但蕴藏着细菌生长、繁殖以及遗传变异等关键信息。另外，部分细菌还拥有一种特殊结构——芽孢，它是细菌应对恶劣环境的"秘密武器"。当遭遇高

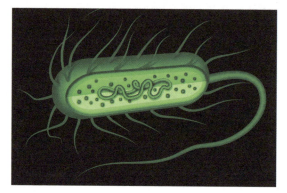

图 6.3-2　细菌结构示意图

温、干燥、化学物质等极端条件时，细菌会形成芽孢这个休眠体，它对这些恶劣因素有着极强的抵抗力。一旦环境条件适宜，芽孢会再次萌发成正常的细菌细胞。

细菌的生活：大多数细菌需要从外界获取现成的有机物。寄生细菌生活在其他生物体内或体表，贪婪地从宿主身上摄取营养，结核杆菌便是如此，它寄生在人体肺部，引发结核病。腐生细菌则是生态系统中默默奉献的"清道夫"，它们分解动植物遗体、排泄物等有机物，将复杂的有机物分解为二氧化碳、水和无机盐等无机物，让这些物质重新回归大自然，促进了生态系统的物质循环，维持着生态平衡。

细菌的生殖：细菌通过二分裂的方式进行生殖，分裂速度相当惊人。以大肠杆菌为例，在营养充足、温度适宜（约 37 ℃）的理想条件下，大约每 20 分钟就能分裂一次。按照这样的速度推算，一个大肠杆菌在短短 10 小时内，就能繁殖出数以亿计的后代。这种快速繁殖能力使得细菌能够在适宜的环境中迅速占据生存空间，大量繁衍。

概念应用

细菌无处不在，在很多领域发挥着不可或缺的作用，对人类既有积极贡献也有潜在风险。

食品工业中，乳酸菌能将糖类发酵成乳酸，常用于制作酸奶、泡菜等发酵食品，既带来独特风味，又能调节肠道菌群、抑制有害菌；但肉毒杆菌等有害细菌会让食物变质、产生毒素。环境保护方面，很多细菌能分解污水中的有机物，实现污水净化。不过，水体中部分细菌大量繁殖，也会造成水生生物缺氧死亡，破坏生态平衡。在医药领域，很多细菌是致病的病原体，如结核杆菌、肺炎链球菌；但人类也会利用细菌制药，比如用大肠杆菌生产胰岛素。

1. 外科手术器械和罐头食品的消毒，都要以能够杀死（　　）为标准。

A. 球菌　　　　　　　B. 杆菌　　　　　　　C. 螺旋菌　　　　　　　D. 芽孢

答案：D

解释：芽孢是细菌在恶劣环境下形成的休眠体，对高温、干燥、化学物质等具有极强的抵抗力。外科手术器械和罐头食品的消毒，需要确保杀死芽孢，才能保证消毒彻底，防止细菌在适宜条件下重新萌发繁殖，从而避免手术感染和食品变质等问题。

2. "超级细菌"是一种对绝大多数抗生素不敏感的细菌，它的产生与人类滥用抗生素有关。"超级细菌"的结构特点是（　　）。

A. 无细胞结构　　　　　　　　　　　　B. 没有成形的细胞核

C. 有同绿色植物一样的叶绿体　　　　　D. 没有 DNA

答案：B

解释："超级细菌"属于细菌，细菌的基本结构包括细胞壁、细胞膜、细胞质和拟核等，没有成形的细胞核，含有遗传物质 DNA。

6.4　真菌

概念本体　真菌

概念释义　真菌是一类具有真正细胞核的真核生物，包括酵母菌、霉菌和大型真菌三大类。

概念解读　真菌在生活中十分常见，根据形态和结构可大致分为酵母菌、霉菌和大型真菌，它们在生活中扮演着不同角色。

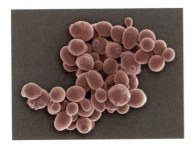

图 6.4-1　酵母菌、霉菌、大型真菌

酵母菌是单细胞真菌，是最早被人类利用的微生物。做面包时，把酵母菌揉进面团，在合适的温度下，它们会迅速活跃起来，分解面团里的糖类，产生二氧化碳气体。这些气体在面团里形成许多小气孔，让面团膨胀松软，烤出的面包又香又蓬松。酿酒时，酵母菌也是关键角色，在没有氧气的环境下，它把葡萄糖转化为酒精和二氧化碳，赋予美酒独特的风味。

霉菌是多细胞真菌，常以菌丝形态出现。食物放久了，表面长出的毛茸茸、颜色各异的菌斑，很多就是霉菌。例如，面包放久了会长出黑色、绿色的霉斑，橘子发霉会长出青绿色的霉菌。这些霉菌依靠分解食物中的有机物获取营养，不仅会让食物变质，有些还会产生有害毒素。不过，霉菌也并非一无是处，制作腐乳时，毛霉菌等霉菌能让豆腐发生奇妙变化，赋予腐乳独特的口感和风味。

大型真菌的代表是蘑菇等，它们形态各异，宛如大自然中的艺术品，其中，香菇、平菇等可食用蘑菇含有丰富的营养物质，是餐桌上的美味佳肴。但有些蘑菇含有剧毒，比如颜色鲜艳的毒蝇伞，误食会严重损害身体健康，甚至危及生命，所以在野外看到不认识的蘑菇，千万不能随便采摘。

酵母菌、霉菌和大型真菌虽然形态各异、功能不同，但都属于真菌家族，它们在形态结构和生殖方式上有着真菌共有的特点。从形态结构上看，真菌细胞都有细胞壁以及真正的细胞核，遗传物质 DNA 就存于其中，指挥着细胞的各项生命活动，这也是真菌区别于细菌等原核生物的关键特征。在生殖方面，真菌的生殖方式多样。酵母菌既能进行出芽生殖，从母体上长出一个小芽体，小芽体长大后脱离母体成为新个体；也能进行孢子生殖。霉菌和大型真菌主要依靠孢子生殖，它们产生的孢子数量众多，就像微小的"种子"，飘散到适宜的环境中，就能萌发生长成新的真菌个体。正是这些独特的形态结构和生殖特点，让真菌在自然界中广泛分布，在生态系统和人类生活中都占据着重要地位。

概念应用

真菌有时会给我们带来一些困扰，它们可能导致食品变质，或直接使人患病，比如脚气就是由真菌引起的。但不可否认的是，真菌与人类的关系极为紧密，在医药、农业等众多领域都发挥着举足轻重的作用，推动着人类社会的发展和进步。

在医药领域，真菌做出了不可磨灭的贡献。青霉素的发现堪称医学史上的一座里程碑。1928 年，英国科学家弗莱明在培养葡萄球菌时，意外发现培养皿中长出了青霉菌，而在青霉菌周围，葡萄球菌无法生长。经过深入研究，弗莱明从青霉菌中提取出了一种神奇的物质——青霉素。这是世界上第一种应用于临床的抗生素，它的出现，让许多原本难以治愈的细菌感染性疾病有了有效的治疗方法，拯救了无数生命。此后，科学家受到启发，从各种真菌中不断寻找和研发新的抗生素。比如头孢霉素，同样来源于真菌，如今在临床上广泛应用于抗感染治疗。

在农业领域，利用真菌"以菌治虫"潜力巨大。球孢白僵菌常被用于防治玉米螟、松毛虫等害虫。其孢子接触害虫后，在适宜条件下萌发，菌丝穿透虫表皮进入体内。菌丝如同"潜伏的杀手"，吸收害虫营养并分泌毒素，干扰害虫生理活动。随着真菌大量繁殖，害虫因营养耗尽和毒素侵害而死亡。与传统化学农药防治相比，这种生物防治方法优势显著，它无污染、无残留，利于保护生态平衡，还能避免害虫产生抗药性，为农业可持续发展提供有力保障。

例题讲解

1. 黑根霉是一种容易引起馒头、米饭等食物腐败变质的霉菌，如图所示为其显微结构图，下列说法正确的是（　　　）。

   A. 黑根霉细胞中没有成形的细胞核

   B. 黑根霉可通过孢子进行繁殖

   C. 黑根霉通过气生菌丝从食物中获取营养

   D. 馒头上着生黑根霉后，只要把表面的"毛"去掉就可食用

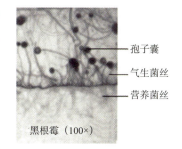

孢子囊
气生菌丝
营养菌丝

黑根霉（100×）

答案： B

解释： 黑根霉属于真菌，真菌细胞内有成形的细胞核，A选项错误。从图中可以看到黑根霉有孢子囊，真菌可以通过产生孢子来繁殖后代，B选项正确。黑根霉通过营养菌丝从食物中获取营养，气生菌丝的作用主要是伸展到空气中，产生孢子等，C选项错误。馒头上着生黑根霉后，霉菌不仅在表面生长，其菌丝可能已经深入馒头内部，并且霉菌产生的毒素也可能扩散到馒头内部，所以即使把表面的"毛"去掉，该馒头也不能再食用，D选项错误。

2. 以下属于真菌在食品工业中应用的是（　　　）。

   A. 利用乳酸菌制作酸奶 　　　　 B. 利用醋酸菌制作醋

   C. 利用酵母菌制作馒头 　　　　 D. 利用大肠杆菌生产胰岛素

答案： C

解释： A选项中的乳酸菌是细菌，用于制作酸奶；B选项中的醋酸菌也是细菌，用于制作醋；C选项中的酵母菌是真菌，在制作馒头时，通过发酵使面团蓬松，C选项正确；D选项中的大肠杆菌是细菌，利用它生产胰岛素属于基因工程在医药领域的应用，和真菌在食品工业中的应用无关。

6.5 菌落

概念本体 菌落

概念释义 菌落是指由一个或多个细菌或真菌繁殖到一定数量，形成的肉眼可见的子细胞群体。不同种类的微生物形成的菌落，在形状、大小、颜色、质地、边缘特征等方面往往存在差异。

概念解读 菌落就像是微生物在培养基上建立的一个个"小社区"。在合适的条件下，一个细菌或者真菌细胞就如同社区的"开拓者"，它不断繁殖，后代细胞逐渐聚集，最终形成一个可以被肉眼看到的菌落。

菌落的形成，离不开诸多适宜的条件。首先是营养物质，异养型微生物需要从外界获取糖类、蛋白质等丰富的有机物来进行生长繁殖。适宜的温度也至关重要，每种微生物都有最适生长范围，过高或过低均影响生长。比如人体肠道中的细菌，它们最喜欢在 37 ℃左右的温暖环境中生活，但也有一些微生物喜欢在极端的温度环境下生长。对氧气的需求也不同，微生物有需氧、厌氧、兼性厌氧之分，对氧气需求各异。

细菌和真菌的菌落在形态和颜色上有着明显的区别。细菌菌落通常较小，表面形态丰富多样，有的如丝绸般光滑，有的似砂纸般粗糙；而真菌菌落往往较大，尤其是霉菌形成的菌落，常常呈现出绒毛状、絮状或者蜘蛛网状。在颜色方面，细菌菌落多为白色、灰色等单一色调；真菌菌落色彩丰富，有红、绿、黑等多种颜色。通过观察和研究菌落的特征，科研人员可以初步判断微生物的种类，这对于微生物的分离、鉴定、计数及其生活习性的研究等方面都具有重要意义。

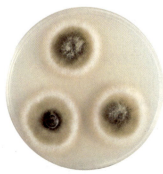

图 6.5-1　细菌菌落（左）和真菌菌落（右）

 **概念应用**

1. 微生物检测：在食品安全检测中，通过检测食品样本在培养基上形成的菌落数量和特征，可以判断食品是否受到微生物污染以及污染的种类和程度。比如在检测牛奶中的细菌含量时，将牛奶样本接种到特定培养基上，培养一段时间后，观察菌落的生长情况。如果菌落数量超标，说明牛奶可能存在质量问题，有被细菌污染的风险。

2. 疾病诊断：在医学领域，医生常从患者的病变部位采集样本，如痰液、血液、尿液等，进行细菌培养。根据培养出的菌落特征，结合其他检测手段，能够辅助诊断患者是否感染病菌以及病菌的具体类型，从而制定准确的治疗方案。例如，从肺炎患者的痰液中培养出的肺炎链球菌菌落，其特征对于确诊肺炎的病因起着关键作用。

3. 微生物菌落的培养方法：实验室中培养微生物菌落，需按以下步骤进行。首先是配制培养基，要依据微生物特性选择，如培养细菌常用牛肉膏蛋白胨培养基，培养真菌常用马铃薯葡萄糖琼脂培养基。接着进行高温灭菌，目的是杀灭培养基中可能存在的杂菌，避免干扰目标微生物生长。然后是接种，也就是将想要培养的微生物引入已经灭菌处理的培养基上的过程。常用的接种方法有平板划线法和稀释涂布平板法。最后是将培养基置于适宜环境培养。多数细菌在 37 ℃左右培养，真菌一般在 25 ℃左右培养。同时根据微生物对氧气的需求，为需氧微生物提供充足氧气，将厌氧微生物放在无氧环境中培养，之后观察记录菌落生长情况。

 **例题讲解**

1. 人们常说"菌从手来，病从口入"，人们手上分
   布着大量微生物，如图所示为无菌固体培养基
   经人手按压，培养一段时间后菌落生长的结果，
   下列相关叙述不正确的是（　　）。
   A. 手上可能既有细菌又有真菌
   B. 细菌、真菌在自然界广泛分布
   C. 只要有合适的培养基，任何细菌和真菌都能
      形成菌落
   D. 细菌的菌落一般比真菌的菌落小

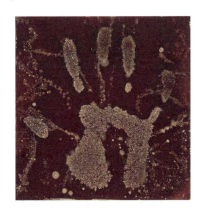

答案：C

解释：从图中培养基上菌落的形态、颜色可以看出，手上既有细菌又有真菌，A 选项正确；人们手上分布着大量微生物，充分说明细菌、真菌在自然界是广泛分布的，B 选项正确；

虽然合适的培养基很重要，但细菌和真菌的生长还需要适宜的温度、湿度等环境条件，不是只要有合适培养基就能形成菌落，C 选项错误；一般情况下，细菌菌落相对较小，真菌菌落较大，D 选项正确。

2. 某同学在培养基上接种了 A、B 两种细菌，同时在培养基上放了盐水浸过的纸片。经过恒温培养一天后，发现盐纸片周围只有 A 细菌的菌落生长，而远离盐纸片的地方 A、B 两种细菌菌落都有生长。这说明（　　　）。

A. A 细菌能在盐水环境中生存，B 细菌不能

B. A、B 两种细菌都能在盐水环境中生存

C. A 细菌不能在盐水环境中生存，B 细菌能

D. A、B 两种细菌都不能在盐水环境中生存

答案：A

解释：从实验结果看，盐纸片周围只有 A 细菌的菌落生长，远离盐纸片的地方 A、B 两种细菌的菌落都有生长，这表明 A 细菌可以在盐水浸过的纸片周围这种盐水环境中生存，而 B 细菌不能在这样的盐水环境中生存，所以 A 选项正确。

6.6　病毒

概念本体　病毒

概念释义　病毒是一种微小的非细胞生物体，由核酸（DNA 或 RNA）和蛋白质外壳组成。它们无法独立生存和繁殖，必须寄生在其他生物的活细胞内，利用宿主细胞的机制进行复制。

概念解读　自 1892 年首个已知病毒——烟草花叶病毒被发现以来，病毒这种没有细胞结构的生物体就一直备受关注。病毒的基本结构相对简单，主要由两部分组成：遗传物质和蛋白质外壳。遗传物质可以是 DNA 或 RNA，它携带着病毒的遗传信息，决定了病毒的特性和行为。蛋白质外壳则像一层坚固的"盔甲"，紧紧包裹着遗传物质，保护它免受外界环境破坏。这层外壳不仅具有保护作用，还能帮助病毒识别并吸附到宿主细胞上，为后续的感染过程打下基础。

　　病毒根据形状、大小、感染对象以及传播途径等特征进行分类。比如，有些病毒呈球形或杆形，有些则呈螺旋形或复杂形态；有些病毒专门感染动物细胞，有些则感染植物细胞或细菌；有些病毒通过空气传播，有些则通过血液、伤口或蚊虫叮

咬等途径传播。

病毒的繁殖方式称为自我复制。当病毒侵入宿主细胞后，它会利用宿主细胞的代谢系统和酶来合成自身的核酸和蛋白质。这些新合成的核酸和蛋白质会组装成新的病毒颗粒，积累在宿主细胞内。当病毒颗粒数量达到一定程度时，它们就会通过细胞裂解或其他方式释放到细胞外，去感染其他细胞。

病毒复制过程是一个高度精确和高效的过程。它不仅需要病毒自身的遗传物质和蛋白质外壳作为模板和原料，还需要宿主细胞提供必要的能量和酶等支持。因此，病毒复制过程的长短和效率往往受到病毒种类、宿主细胞类型以及环境条件等多种因素的影响。

病毒虽然微小且简单，但它们在生态系统和人类健康中扮演着不可忽视的角色。了解病毒的结构、功能、种类以及繁殖方式，有助于我们更好地认识这一奇特的生命现象，为预防和治疗病毒感染提供科学依据。

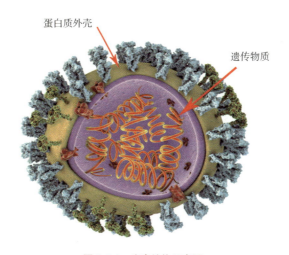

蛋白质外壳

遗传物质

图 6.6-1　病毒结构示意图

概念应用

1. 疫苗研发：病毒在疫苗研发中发挥着重要作用。通过将病毒或其部分成分进行灭活或减毒处理的方式，科学家研制出了疫苗。当人体接种这些疫苗后，免疫系统会产生针对病毒的抗体和记忆细胞，从而在未来遇到相同病毒时能够迅速进行防御，保护人体免受病毒感染。例如，人们可以在流感季节来临前接种流感疫苗，从而降低感染流感病毒的风险。

2.基因治疗：病毒还被用于基因治疗中。科学家能够将某些病毒（如腺相关病毒）进行改造，使其携带治疗性基因进入人体细胞。这些基因在细胞内表达后，能够治疗某些遗传性疾病或癌症等疾病。例如，通过改造的病毒将正常基因导入缺陷基因的位点，从而纠正或补偿因基因缺陷和异常引起的疾病，达到治病的目的。

例题讲解

1.科学家成功地把人的抗病毒干扰素基因连接到烟草细胞的 DNA 分子上，使烟草获得了抗病毒能力。这项技术称为（　　　）。

A. 克隆技术　　　　B. 嫁接技术　　　　C. 转基因技术　　　　D. 组织培养

答案： C

解释： 基因是指染色体与生物性状相关的小单位；性状是指生物的形态特征、生理特性和行为方式。基因控制生物的性状。科学家成功地把人的抗病毒干扰素基因连接到烟草细胞的 DNA 分子上，使烟草获得了抗病毒能力，是利用改变烟草基因的方法，用显微注射技术将人的抗病毒干扰素基因注入烟草的 DNA 里，培育出抗病毒烟草，这种技术称为转基因技术，C 选项正确。

2.如图所示为三类病毒的结构示意图，请据图回答问题。

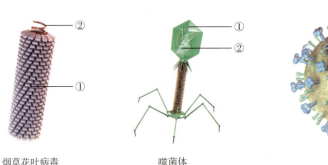

烟草花叶病毒　　　　　　　噬菌体　　　　　　　　　流感病毒

（1）请写出图中序号所代表的名称：① ＿＿＿＿＿ ；② ＿＿＿＿＿ 。

（2）图中属于动物病毒的是 ＿＿＿＿＿ ，由此病毒引起人患病不能用 ＿＿＿＿＿ 治疗。

（3）这三类病毒在结构上的共同点是结构 ＿＿＿＿＿ ，没有 ＿＿＿＿＿ 结构。

答案：（1）蛋白质　遗传物质（2）流感病毒　抗生素（3）简单　细胞

解释：（1）病毒主要由内部的②遗传物质和外部的①蛋白质组成。（2）根据病毒寄生的细胞不同，可以将其分为：动物病毒，如流感病毒；植物病毒，如烟草花叶病毒；细菌病毒，如噬菌体。抗生素只针对细菌起作用，对病毒引起的疾病不起作用。（3）病毒没有细胞结构，主要由内部的核酸和外部的蛋白质外壳组成。病毒不能独立生存，只有寄生在活细胞里才能进行生命活动，一旦离开就会变成结晶体。

6.7　原核生物

概念本体　原核生物

概念释义　原核生物是一类没有被核膜包裹的细胞核，只存在裸露 DNA 的原始单细胞生物。这类生物结构简单，个体微小，没有复杂的细胞器。原核生物包括细菌、放线菌、支原体、衣原体、蓝细菌和古菌等。

概念解读　原核生物构成了地球上最早且最为基础的生命形式之一。与真核生物拥有真正的细胞核和成形的染色体不同，原核生物的 DNA 并未被核膜所包裹，而是直接悬浮在细胞质中，形成了一个被称为拟核或类核的区域。这种裸露的 DNA 结构，使得原核生物的遗传物质更为直接地暴露在细胞环境中，也赋予了它们独特的生存策略。

尽管细胞结构相对简单，原核生物却拥有惊人的生存能力和适应性，能够生活在各种极端环境中。从高温的火山口到寒冷的极地冰川，从深海的黑暗深渊到陆地的各种生态系统中，到处都能找到它们的踪迹。

概念应用

1.细菌是最为人们所熟知的一类原核生物。它们形态各异，有球菌、杆菌、螺旋菌等多种形态。细菌在自然界中分布极为广泛，是土壤、水体、空气等环境中不可或缺的一部分。它们参与物质的循环与能量的流动，对维持生态系统的平衡起着至关重要的作用。

2.蓝细菌则是一类能进行光合作用的原核生物。它们广泛分布于各种水体、土壤和岩石表面等环境中，甚至在极端恶劣的条件下也能生存。蓝细菌的光合作用不仅为自身提供了能量来源，还为整个地球生态系统提供了氧气，推动了地球大气从无氧状态向有氧状态的转变。然而，有些蓝细菌在受氮、磷等元素污染后会引起富营养化的海水"赤潮"和湖泊"水华"，给渔业和养殖业带来严重危害。

3.放线菌是一类能形成分枝菌丝和分生孢子的特殊类群，主要以孢子繁殖，因菌落呈放射状而得名。放线菌在自然界中广泛存在，是土壤微生物的重要组成部分。它们能够产生各种抗生素等次生代谢产物，对维持生态系统的平衡和人类的健康都具有重要意义。

4.支原体是一类没有细胞壁、高度多形性的原核细胞型微生物。它们是最小的原核生物之一，仅为 0.1~0.3 微米。支原体广泛存在于人和动物体内，大多不致病。对人致病的支原体主要有肺炎支原体等，可引起人类的各种疾病。

例题讲解

1. 如图所示为细菌、真菌的形态结构示意图，下列说法正确的是（　　）。

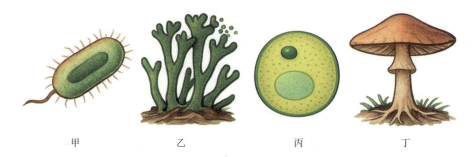

甲　　　　　　乙　　　　　　丙　　　　　　丁

A. 甲是细菌，属于原核生物；乙、丙、丁都是真菌，属于真核生物

B. 甲类生物有细胞核，通过分裂产生两个形状、大小、结构相似的新个体

C. 甲类生物只能进行腐生或寄生生活，丁类则能够进行自养型生活

D. 甲、乙、丙都是病原微生物，人和其他动物只要接触它们就会引发传染病

答案：A

解释：甲是细菌，没有成形的细胞核，属于原核生物；乙是青霉，丙是酵母菌，丁是蘑菇，它们都是真菌，有细胞核，属于真核生物，A 选项正确。甲细菌没有成形的细胞核，属于原核生物，通过分裂方式繁殖后代，即一个细菌分裂成两个细菌，长大以后又能进行分裂，B 选项错误。甲细菌主要是寄生或腐生生活，也有自养型的；丁蘑菇只能营腐生生活，C 选项错误。甲、乙、丙都属于微生物，但它们中只有少数种类对人类有害，因此人和其他动物接触它们不一定会生病，D 选项错误。

2. 如图所示为 4 种不同的生物，下列有关叙述错误的是（　　）。

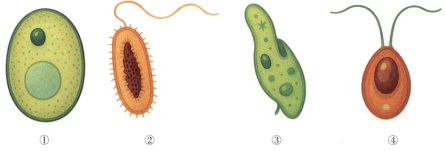

①　　　　　　②　　　　　　③　　　　　　④

A. ①是酵母菌，②是细菌，③是草履虫，④是衣藻

B. 有成形细胞核的是①③④

C. ②属于原核生物

D. ①②③④都是真核生物

答案：D

解释：图中①是酵母菌，②是细菌，③是草履虫，④是衣藻，A 选项正确；有成形细胞核的是①酵母菌、③草履虫和④衣藻，B 选项正确；②细菌的基本结构有细胞壁、细胞膜、细胞质和 DNA 集中的区域，没有成形的细胞核，是原核生物，C 选项正确；由 C 选项可知，②细菌为原核生物，D 选项错误。

6.8 发酵

概念本体 发酵

概念释义 发酵是指利用微生物在无氧或有氧条件下的生命活动来制备微生物菌体本身，或者直接代谢产物或次级代谢产物的过程。在此过程中，微生物会分解糖类等有机物，产生酒精、乳酸、二氧化碳等产物，同时释放能量。

概念解读 发酵就像自然界中的小小魔法秀，微生物如同魔法师，将简单的食材变成令人惊叹的美味或有用物质。有的真菌如曲霉的体内含有大量的酶，可以把淀粉分解为葡萄糖。

酵母菌是一类单细胞的真菌生物。在有氧的条件下，酵母菌会进行有氧呼吸，将糖类物质分解成二氧化碳和水，并释放出大量的能量。在无氧的条件下，酵母菌则会进行无氧呼吸，也就是酒精发酵。这时，它会将糖类物质分解成二氧化碳和酒精，同时释放出少量的能量。酵母菌的发

图 6.8-1　酵母菌结构示意图

酵在食品制作和饮品酿造中有着广泛的应用。例如，在面包和馒头的制作中，酵母菌通过发酵产生的二氧化碳使面团膨胀，从而形成松软的面包和馒头。在酒类酿造中，酿酒酵母能将果糖和葡萄糖等底物转化为酒精和二氧化碳，为酒类的生产提供了基础。此外，酵母菌还在营养品生产、饲料发酵等领域发挥着重要作用。

乳酸菌的发酵也是一个既有趣又实用的过程。在无氧条件下，乳酸菌会利用酶将糖类物质转化为乳酸。在这个过程中，乳酸菌会先通过糖酵解途径将糖类物质分解，然后在酶的作用下将其转化为乳酸。同时，这个过程中还会产生少量的能量。

概念应用

1.制作酸奶：酸奶的制作原理在于乳酸菌的发酵作用。乳酸菌在无氧条件下将乳糖等糖类物质转化为乳酸。在制作酸奶时，首先选取新鲜的牛奶作为原料，它富含乳糖和乳蛋白，为乳酸菌提供了充足的营养来源。制作过程中，要先对容器进行杀菌处理，以杀死其中的有害微生物，保证酸奶的卫生安全；接着，向牛奶中接种特定的乳酸菌发酵剂，这些乳酸菌会在适宜的温度和湿度条件下迅速繁殖；然后，将接种后的牛奶置于恒温发酵箱中，在无氧环境下进行发酵，乳酸菌利用乳糖产生乳酸，使牛奶的 pH 值逐渐降低，牛奶逐渐凝固成细腻的酸奶质地；最后，经过一段时间的发酵，当酸奶达到理想的酸度和口感时，即可停止发酵。整个过程中，乳酸菌不仅赋予了酸奶独特的酸味和风味，还产生了多种对人体有益的代谢产物，这些成分有助于调节肠道菌群平衡，促进消化和营养吸收，酸奶也因此成了广受欢迎的健康食品。

2.制作米酒：米酒的制作原理在于酵母菌的发酵作用。在制作米酒时，首先选择富含淀粉的粮食作为原料，如糯米，它含有丰富的淀粉，易于水解成可供酵母菌利用的葡萄糖。制作过程中，要先将糯米洗净并浸泡一段时间，使其吸水膨胀，便于后续的蒸煮；接着，将浸泡好的糯米蒸熟，使淀粉糊化，更易于被酵母菌发酵；然后，将蒸熟的糯米冷却至适宜的温度，并接种酒曲，酒曲中含有多种酵母菌和酶类，能够水解淀粉产生葡萄糖，并启动发酵过程；之后，将接种后的糯米放入密闭容器中，在适宜的温度下进行发酵，酵母菌利用葡萄糖产生酒精和二氧化碳，使米酒逐渐具有独特的香气和风味；最后，经过一段时间的发酵，当酒精含量达到一定程度时，即可停止发酵，并进行过滤和储存。米酒不仅富含多种氨基酸和维生素，还具有独特的口感和香气，是中国传统的发酵饮品之一，深受人们喜爱。

例题讲解

1. 下列关于果酒制作过程的叙述，正确的是（　　　）。

　A.制作果酒是利用乳酸发酵的原理

　B.使发酵装置的温度维持在 30 ℃左右最好

　C.在发酵过程中，需要从充气口不断通入空气

　D.由于酵母菌的繁殖能力很强，不需要对所用的装置进行消毒处理

答案：B

解释：微生物的发酵技术在食品、药品的制作中具有重要意义，如酿酒要用到酵母菌，酵母菌可以经过发酵，把葡萄糖分解成二氧化碳和酒精。因此，果酒是利用酵母菌发酵制作的，A 选项错误。发酵装置的温度一般维持在 30 ℃左右最好，B 选项正确。大多数发酵过

程不需要通入氧气，C 选项错误。制作发酵食品时，为防止杂菌污染，需要对装置提前消毒处理，D 选项错误。

2. 下面是关于家庭自制甜酒的一段材料：称取 1 kg 糯米，淘洗干净。用清水浸泡一昼夜，沥干后蒸熟，冷却到 40 ℃。将 10 g 酒曲研成粉末，加入少量凉开水调成混浊液，分数次加到糯米饭中，搅拌均匀。将搅拌好的糯米饭装入经过开水灭菌的容器中，轻轻压实，再在中间掏一个圆形的小洞直至容器底部，然后将容器盖好，放在 30 ℃ ~ 40 ℃ 的环境中。经过 48 小时后，发酵过程基本完成，即可食用。酿制成功的酒酿香甜可口，而且有浓郁酒香。请回答下列问题。

(1) 开水灭菌指的是 _____。

(2) 在糯米饭中间掏一个洞的目的是 _____。

(3) 酒酿很甜的原因是 _____。

(4) 酒酿酒香浓郁的原因是 _____。

(5) 如酒酿在启封后放置较长时间，则会变酸，原因是 _____。

答案：(1) 去除糯米中的杂菌 (2) 增加糯米饭中的氧气，有利于酵母菌的繁殖，以增加酵母菌的数量 (3) 淀粉先转化为葡萄糖 (4) 酒曲中有灰霉菌和酵母菌两种微生物。灰霉菌将淀粉转化成糖，即糖化过程；酵母菌将糖转化成乙醇，即酒化过程 (5) 在氧气充足的情况下，醋酸菌能将乙醇转化为醋酸

解释：(1) 在制作甜酒的过程中，要将浸泡的糯米蒸熟，目的是去除糯米中的杂菌。然后将蒸熟的糯米饭用凉开水冲淋一次，目的是使糯米饭的温度在 30 ℃ 左右，以保持酵母菌的活性，防止高温杀死酵母菌。(2) 将酒曲和糯米饭均匀地搅拌在一起并压实，再在中间挖一个凹坑，目的是增加糯米饭中的氧气，有利于酵母菌的繁殖，以增加酵母菌的数量。(3) 酿酒发酵原理为淀粉先转化为葡萄糖，再由葡萄糖转化成酒。(4) 酒曲中有灰霉菌和酵母菌两种微生物。灰霉菌将淀粉转化成糖，即糖化过程；酵母菌将糖转化成乙醇，即酒化过程。只有这两个过程都进行到适当程度，酒酿才会变得酒香浓郁。(5) 在氧气充足的情况下，醋酸菌能将乙醇转化为醋酸，因此酒酿在启封后放置较长时间会变酸。

6.9 生物分类

概念本体　生物分类

概念释义　生物分类是生物学中对生物体进行科学归类的过程，旨在反映生物间的亲缘关系和进化历史。它基于生物的形态结构、生理功能、遗传信息、生态位以及进化关系等多方面的特征，将生物从大到小依次分为界、门、纲、目、科、属、

种等不同的分类等级。

概念解读 生物分类是生物学中研究生物多样性和生物间关系的一种基本方法。它主要是根据生物在形态结构、生理功能、遗传特征以及生态习性等方面的相似程度，将生物划分为不同的等级或类群，以便我们系统地认识、研究和保护生物多样性。

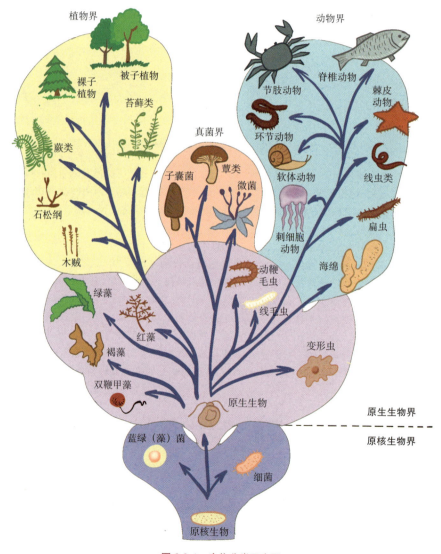

图 6.9-1 生物分类示意图

　　生物分类的主要依据是生物体之间的相似程度。这些相似程度可以体现在形态结构上，如植物叶子的形状、动物体表的纹理等；也可以体现在生理功能上，如呼吸方式、消化能力等；还可以体现在更深层次的遗传特征上，如 DNA 序列的相似性。通过这些特征的对比分析，生物学家能够推断出生物之间的亲缘关系和进化历程，从而进行合理的分类。

　　生物分类的单位从小到大依次为：种、属、科、目、纲、门、界，其中，"种"是生物分类的基本单位，指的是一群能够自然交配并产生有繁殖能力后代的生物个体。同种生物之间的亲缘关系最为密切，形态结构和生理功能也最为相似。而"属"则是比"种"更高一级的分类单位，它包含了一组形态结构和生理功能相近的种。以此类推，"科""目""纲""门""界"分别代表了更高层次的生物分类单位，它们所包含的生物在形态结构和生理功能上的差异逐渐增大，共同点逐渐减少。

　　生物分类是研究生物多样性和生物间关系的重要手段。它基于生物体之间的相似程度进行划分，通过不同的分类单位来反映生物之间的亲缘关系和进化历程。通过生物分类，我们能够更好地认识和理解生物世界的奥秘，为保护生物多样性、促进生态平衡提供科学依据。

概念应用

　　1. 双名法：生物学中一种广泛使用的命名体系，尤其在植物学中占据重要地位。这一命名法由瑞典博物学家卡尔·林奈在 18 世纪中期提出并推广，至今仍是全球生物学界通用的命名标准。双名法中，每个物种的学名都由两个部分组成：属名和种加词。属名通常是由拉丁语法化的名词形成，用于表示该物种所属的属，且第一个字母大写；种加词则是一个拉丁文中的形容词或名词的所有格，用于描述物种在属中的特定名称或特征，其第一个字母小写。在科学文献中，学名通常以斜体表示，属名和种加词之间以空格分隔。例如，月季花的学名为 *Rosa chinensis*，其中 *Rosa* 为属名，表示蔷薇属；*chinensis* 为种加词，意为"中国的"。

　　2. 动物界：动物界包括腔肠动物门、线形动物门、环节动物门、软体动物门、节肢动物门、脊索动物门等门。脊索动物门包括尾索动物亚门、头索动物亚门和脊椎动物亚门。脊椎动物亚门包括鱼纲、两栖纲、爬行纲、鸟纲和哺乳纲等。

例题讲解

1. 某同学绘制了如图所示的四种单细胞生物（草履虫、酵母菌、大肠杆菌和衣藻）的生物分类检索表，下列四种单细胞生物与表中甲～丁的对应关系正确的是（　　）。

单细胞生物分类检索表	
1a 无成形的细胞核 ························	甲
1b 有成形的细胞核	
2a 无细胞 ····························	乙
2b 有细胞壁	
3a 无叶绿体 ····················	丙
3b 有叶绿体 ····················	丁

A. 甲——草履虫

B. 乙——酵母菌

C. 丙——大肠杆菌

D. 丁——衣藻

答案: D

解释: 甲没有成形的细胞核,应是大肠杆菌;乙没有细胞壁,应是草履虫;丙有细胞壁但没有叶绿体,应是酵母菌;丁有细胞壁和叶绿体,应是衣藻。

2. 如图所示为部分哺乳动物分类图示。请据图回答问题。

(1) 狼、猫、豹、抹香鲸四种动物中,与虎同属分类单位最大的是 _____,与虎同属分类单位最小的是 _____。

A. 哺乳纲　　B. 食肉目　　C. 猫科　　D. 猫属

(2) 四种动物中,和老虎相似程度最小,亲缘关系最远的是 _____;与老虎相似程度最大,亲缘关系最近的是 _____。

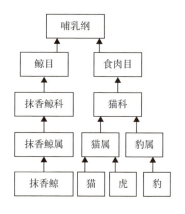

(3) 抹香鲸生活在海洋中,与其他三种动物有很大差异,但是它们都属于哺乳纲,原因是具有哺乳纲动物的共同特征 _____。

答案: (1) A　D　(2) 抹香鲸　猫　(3) 胎生哺乳

解释: (1) 生物分类是研究生物的一种基本方法。生物分类主要是根据生物的相似程度(包括形态结构和生理功能等)。生物分类单位由大到小是界、门、纲、目、科、属、种。界是最大的分类单位,最基本的分类单位是种。分类单位越大,生物的相似程度越小,共同特征就越少,包含的生物种类就越多,生物的亲缘关系就越远;分类单位越小,生物的相似程度越大,共同特征就越多,包含的生物种类就越少,生物的亲缘关系就越近。由题中的分类索引可知,狼、猫、豹、抹香鲸四种动物中,与虎同属分类单位最大的是 A 选项的哺乳纲,与虎同属分类单位最小的是 D 选项的猫属。(2) 四种动物中,抹香鲸和老虎同纲,相似程度最小,亲缘关系最远;猫与老虎同属,相似程度最大,亲缘关系最近。(3) 狼、猫、豹、抹香鲸的生殖方式都是胎生哺乳,属于哺乳动物。

6.10 生物多样性

概念本体 生物多样性

概念释义 生物多样性是指地球上所有生物种类的丰富多样性和变异性，包括动物、植物、微生物以及它们所处的生态系统。随着人们对生物多样性的认识不断加深，生物多样性的内涵也更加丰富。它不仅指生物物种的多样性，还包括基因的多样性和生态系统的多样性。

概念解读 生物多样性就像是大自然的一本丰富多彩的书，从生物物种、基因到生态系统，每一页都充满了惊奇。目前已知的生物种类非常丰富。生物物种越丰富，生态系统的结构就越复杂，抵抗外界干扰、保持自身相对稳定的能力就越强。

生物物种的多样性实质上是基因的多样性。生物的各种特征是由 DNA 分子上的遗传信息控制的。不同种生物的基因有所不同，每种生物都是一个丰富的基因库。每种生物都是由一定数量的个体组成的，这些个体的基因组成是有差别的，它们共同构成了一个基因库。每种生物又生活在一定的生态系统中，并且与其他的生物物种相联系。保护生物的栖息环境，保护生态系统的多样性，是保护生物多样性的根本措施。

概念应用

1. 建立种质库：种质库是生物多样性的守护者，是保存和管理农作物、林木等种质资源的重要设施。简单来说，它就是一座专门用来保存种子的"冷库"。种质库利用低温等环境条件，长期保存着各种作物的种子，确保这些宝贵的遗传资源不会因为环境变化、自然灾害或人类活动而灭绝。这些种子就像是生命的"备份"，一旦需要，就可以被取出来用于育种、科学研究，甚至帮助恢复受损的生态系统。种质库通过保存和提供优质的种质资源，助力农业生产中的品种改良和新品种开发，提高农作物的产量和质量。同时，它也为生物学、遗传学等领域的研究提供了丰富的实验材料，推动了相关学科的深入发展。

2. 建立自然保护区：自然保护区是人类为了保护地球生物多样性而划定的特定区域。这些区域通常拥有独特的生态系统、珍稀的动植物种群，以及重要的自然遗产和景观。自然保护区的主要作用是保护自然环境免受人类活动的干扰和破坏。它们为野生动植物提供了安全的栖息地，帮助维护生态平衡，确保生物多样性的持续存在。通过限制开发和限制人类活动，自然保护区有助于保护濒危物种，防止它们因栖息地丧失而灭绝。自然保护区的意义深远。它们不仅是地球上生物多样性的宝库，更是人类文化和自然遗产的重要组成部分。自然保护区为人们提供了亲近自然、了解自然的机会，有助于提升公众对环境保护的认识和意识。同时，它们也是科学研究的重要基地，为生态学家、生物学家等提供了研究自然、探索自然奥秘的宝贵场所。

例题讲解

1. 大米是人类的主食之一，全球有半数以上的人口以大米为主食。我国科学家袁隆平院士利用野生水稻和普通水稻杂交，培育出高产的杂交水稻，为人类做出了巨大贡献，被尊称为"世界杂交水稻之父"。袁隆平院士的水稻杂交育种是利用了生物多样性中的（　　）。

   A. 物种的多样性　　　　　　　　　B. 基因的多样性

   C. 生态系统的多样性　　　　　　　D. 地域分布的多样性

   答案： B

   解释： 生物种类的多样性实质上是基因的多样性。生物的各种特征是由 DNA 分子上的遗传信息控制的。不同种生物的基因有所不同，每种生物都是一个丰富的基因库。

2. 我国的四川、陕西、甘肃等地，在海拔 2000～4000 m 的高山中生活着珍稀动物大熊猫。请回答以下问题。

   （1）造成大熊猫濒危的因素很多，大熊猫的食物结构_____，繁殖能力_____，但主要的原因是_____。

   （2）从生物多样性的角度看，如果大熊猫灭绝，就意味着该物种所拥有的全部_____在地球上消失。从长远看，这必定会对生态系统的_____造成影响。

   （3）有的学者提出，通过克隆技术大量繁殖大熊猫，然后送回野生环境以增加其种群数目。从遗传多样性的角度分析，这样做的最大弊端是_____。

   答案：（1）简单　很弱　人类活动破坏了大熊猫的栖息地（2）基因库　稳定性（3）破坏了种群基因库中基因的多样性

   解释： 大熊猫一般称作"熊猫"，是世界上最珍贵的动物之一，数量十分稀少，属于国家一级保护动物，被誉为"中国国宝"。大熊猫是中国特有种，属熊科，现存的主要栖息地在中国四川、陕西、甘肃等周边山区。（1）造成大熊猫濒危的因素很多，大熊猫的食物结构简单，繁殖能力很弱，但主要的原因是人类日常活动干扰和破坏了大熊猫的栖息地环境，使基因的多样性减少。（2）为了保护生物的多样性，我们在遗传物质、物种和生态环境三个层次上制定了保护战略和不同的措施。从生物多样性的角度看，如果大熊猫灭绝，就意味着该物种所拥有的全部基因库在地球上全部消失。从长远看，这必定会对生态系统的稳定性造成影响。（3）克隆虽然能增加大熊猫的种群数目，但不能改变大熊猫的基因组成，克隆出来的大熊猫基因组成都一样，不能增加大熊猫种群内基因的多样性。从遗传多样性的角度分析，通过克隆技术大量繁殖大熊猫，然后送回野生环境以增加其种群数目，这样做的最大弊端是造成了种群基因库中基因多样性的破坏。

7 遗传与进化

7.1 有性生殖和无性生殖

概念本体 有性生殖和无性生殖

概念释义 有性生殖是指由两性生殖细胞结合形成受精卵，再由受精卵发育成新个体的生殖方式。无性生殖是指不经过两性生殖细胞的结合，由母体直接产生新个体的生殖方式。

概念解读 有性生殖就像拼乐高。你想要搭出超酷的大城堡，就得有不同类型的积木块。有性生殖需要父母双方提供的"积木块"，也就是精子和卵细胞。例如，猫爸爸的精子和猫妈妈的卵细胞结合，经过一段时间，才会生出可爱的猫宝宝。这两种"积木块"缺一不可，它们融合后，新生命才开始慢慢成长。无性生殖则像复印文件，从一株多肉植物上摘下一片叶子，把它放在土里，这片叶子就能"复印"出一株新的多肉植物，变出自己的"小分身"。把一个土豆切成几块，每一块种在土里，都能长出新土豆，不需要别的帮忙，这也是无性生殖。

概念应用

有性生殖和无性生殖在自然界普遍存在。植物通过有性生殖产生种子，结合了父母双方的特点，因而更加适应环境的变化，但有性生殖需要的时间比较长。因此，在生产实践中，人们常常利用植物的无性生殖来栽培农作物和园林植物等，实现短时间内获得大量的新个体。扦插就是常见的无性生殖方式，包括叶扦插和茎扦插。例如，家庭中常见的绿萝，取一片带叶柄的叶直接放入土中，便能长出一株新的绿萝，这就是叶扦插。生活中人们常用茎扦插的方法来繁育葡萄、菊、月季等新植株。此外，嫁接和植物组织培养也是常见的无性生殖方法。我们日常吃的香蕉也一般采用无性生殖，可以在短时间内获得大量新香蕉。但由于这种繁殖方式只能保持母亲的遗传特性，因此也可能会造成危险。例如，某年东南亚地区香蕉遭受病毒攻击，无性生殖产生的新香蕉也难逃一劫，大量香蕉染病，造成大规模减产。像扦插、嫁接、压条等利用植物的营养器官繁殖新个体的方式也叫营养生殖，属于植物无性生殖的常见方法。对于动物来说，草履虫的分裂生殖、水螅的出芽生殖和克隆都是常见的无性生殖方式。

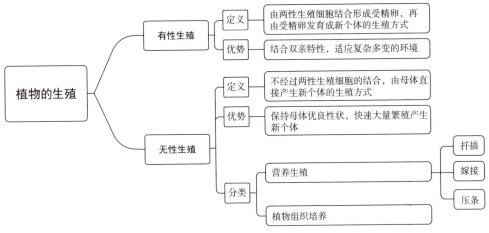

图 7.1-1　植物的生殖方式

例题讲解

1. 种植芦荟时，一株植株常常会变成一丛，这时可以把它分成很多株，每一株均可长成新个体。这种繁殖方式属于 _____ （填"有性生殖"或"无性生殖"）。

答案：无性生殖

解释：无性生殖是不经生殖细胞的两两结合，由母体直接产生新个体的方式。从本质上讲，由体细胞进行的繁殖就是无性生殖，主要种类包括：分裂生殖、出芽生殖、营养生殖（扦插、嫁接、压条等）、组织培养和克隆等。种植芦荟的时候，将一丛植株分成很多株，每一株均可长成新个体。这种繁殖方式没有两性生殖细胞的结合，是由植物的营养器官直接产生新个体的方式，其后代只具有母体的遗传性，属于无性生殖。

2. 下列植物的生殖方式属于有性生殖的是（　　　）。

A. 椒草的叶能长成新植株　　　　　B. 向日葵通过种子繁殖后代

C. 月季可用枝条扦插来繁殖　　　　D. 桃可通过嫁接来繁育优良品种

答案：B

解释：椒草的叶长成新植株、月季用枝条扦插繁殖、桃通过嫁接繁育优良品种的过程，都没有经历两性生殖细胞的结合，均属于无性生殖；向日葵通过种子繁殖后代，经历了两性生殖细胞的结合，属于有性生殖。

7.2 变态发育

🔖 **概念本体** 变态发育

🔖 **概念释义** 变态发育是指在由受精卵发育成新个体的过程中，幼体与成体的形态结构和生活习性差异很大的发育过程。

🔖 **概念解读** 变态发育就像一场魔法变身。以蝴蝶为例，它一开始是小小的卵，然后孵化出幼虫，幼虫每天努力吃树叶长大。接着，它会吐丝把自己包裹起来变成蛹，在蛹里经过奇妙的变化，最后破蛹而出，长出两对翅膀，变成美丽的蝴蝶成虫。这种幼体和成体的形态结构、生活习性都完全不同的成长过程，就是变态发育。

🔖 **概念应用**

早在三千年前，我国人民就开始饲养家蚕，生产蚕丝，并用蚕丝织成美丽的绸缎。蚕的一生分为受精卵、幼虫、蛹和成虫四个时期。幼虫期的蚕宝宝每天主要任务就是大口吃桑叶，不断长大。但由于幼虫期的家蚕体表有一层坚韧的外骨骼，因此蚕宝宝每长大一些，就需要蜕皮。幼虫期的蚕宝宝吃得越多，它吐出的蚕丝也就越多。经过四次蜕皮后，蚕就逐渐不吃不动，不断吐出蚕丝结成像房子一样的蚕茧，把自己包裹起来，这个时期的蚕称为蛹。蚕在蚕茧中逐渐发育，破茧而出羽化变成蚕蛾，也就是它的成虫时期。同家蚕一样，菜粉蝶、蝇、蚊等的发育过程也经历以上四个时期，它们都属于变态发育。

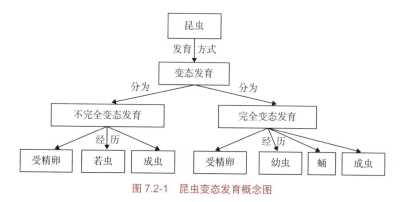

图 7.2-1 昆虫变态发育概念图

还有一类昆虫，如蝗虫、螳螂、蝼蛄等，它们的发育方式与家蚕不同。以蝗虫为例，与家蚕相比，蝗虫的一生没有蛹期，但幼虫和成虫在形态结构、生理功能和生活习性上也存在巨大差异，因此也属于变态发育。蝗虫在幼虫期大量啃食庄稼等农作物，每蜕一次皮就长大一次。成虫具有两对翅和强有力的后肢，以飞行和跳跃为主要运动方式，运动能力极强，难以抓捕。历史上，蝗虫曾多次造成大规模的蝗灾，严重威胁人民的粮食安全。因此，蝗虫的最佳防治时期为幼虫期，了解清楚蝗虫的发育过程有利于我们进行有效防治。

除昆虫外，两栖动物的发育方式也属于变态发育。

例题讲解

1. 美丽的蝴蝶是由"毛毛虫"变成的，那么"毛毛虫"处于发育的（　　　）阶段。

   A. 受精卵 　　　　 B. 幼虫 　　　　 C. 蛹 　　　　 D. 成虫

   答案： B

   解释： 家蚕的生殖和发育经过"卵→幼虫→蛹→成虫"四个时期，这样的变态发育称为完全变态发育，例如蜜蜂、蝶、蝇、蚊、蚂蚁等的发育。在蝴蝶的一生中，"毛毛虫"所处的发育时期是幼虫期。

2. 槐尺蛾是一种常见的园林害虫，其幼虫具有受到惊吓后从树上吐丝下垂、食物匮乏时吐丝随风扩散的习性，被俗称为"吊死鬼"。每年四月中旬，槐尺蛾在傍晚完成交尾形成受精卵，受精卵孵化出的幼虫以槐树叶为食，生长发育过程中有蜕皮现象。幼虫发育到一定阶段后，钻入土壤中化蛹，直到第二年四月羽化为成虫，由此可见槐尺蛾的发育类型属于＿＿＿＿＿＿发育。

   答案： 完全变态

   解释： 槐尺蛾是体内受精，体表有外骨骼，可防止体内水分的散失，发育经过卵、幼虫、蛹、成虫四个时期，属于完全变态发育。

7.3　胚盘

概念本体　胚盘

概念释义　胚盘是指动物卵中在卵黄表面中央的一个盘状小白点，里面含有细胞核，未来发育成完整动物体。以鸟为例，鸟卵中的胚盘未来发育为雏鸟。

概念解读　以鸡蛋为例，胚盘就像是藏在鸡蛋里的"生命密码"。打开一枚受精的鸡蛋，你会看到蛋黄上有个小小的、颜色略深的点，那就是胚盘。它就像一颗藏着无限可能的小种子，在合适的温度等条件下，能慢慢生长发育，最终变成毛茸茸的小鸡。简单来说，胚盘就是孕育新生命的关键起点。

概念应用

　　鸟卵有复杂的结构适应陆地生活。我们以鸡卵为例，来看看鸡卵有哪些结构适应陆地生活。鸡卵最外面有坚硬的卵壳，起到保护和防止水分散失的作用。卵壳上还有许多肉眼看不见的气孔，据相关研究估算，一枚鸡卵的卵壳上大约有 7000 个气孔，以保证胚胎发育时能够进行气体交换。紧贴卵壳内部的是内、外壳膜，内外壳膜之间有一空腔，储存空气用于气体交换，称为气室。卵壳膜内是鸡卵的营养结构——卵黄和卵白。卵黄是鸡卵的主要营养成分，富含脂类和蛋白质，外面包裹着卵黄膜。卵黄外面的卵白也含有营养物质，为胚胎提供水分和部分营养。其他鸟卵虽然大小各异、外表差异较大，但基本结构与鸡卵一样。鸟卵既可以储存丰富的营养物质供胚胎发育，又有卵壳、卵壳膜提供保护并减少水分的丢失，这些特性都有利于鸟类在陆地上繁殖后代。

　　大家可以在家中尝试解剖观察鸡卵。先取一枚鸡卵，用放大镜观察卵壳的表面是否光滑。然后将鸡卵的钝端轻轻敲出裂纹，用镊子将破裂的卵壳连同外壳膜除去，看卵壳下面是否有一个小空腔。随后用剪刀将小空腔下面的内壳膜剪破，使壳膜内的卵白和卵黄流到一个烧杯或培养皿内。对照鸡卵结构图观察鸡卵的结构。注意观察鸡卵上有没有一个乳白色的小圆点。

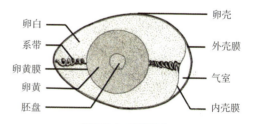

图 7.3-1　鸡卵结构

例题讲解

　　班公错位于西藏阿里地区，湖中有数十个大大小小的岛，岛上鸟类有二十余种，数量最多时可达数万只，主要有赤麻鸭、凤头鸭、鱼鸥、棕头鸥、斑头雁等，其中斑头雁和棕头鸥数量最多。研究者在进行鸟类调查时，发现一只棕头鸥的巢内有两枚斑头雁的卵。

(1) 不同鸟类的卵虽大小、颜色不同，但基本结构一致，如图所示为鸟卵的结构示意图，其中 [　　]_____ 将来发育成胚胎，是鸟卵中最重要的部分。胚胎发育过程中的营养来源于 [④]_____ 和 [①]_____。

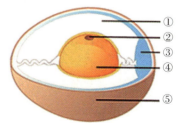

(2) 鸟类的卵之所以能够在陆地环境中发育并孵化，主要原因是它们的卵具有

[   ]＿＿＿＿＿，不但可以保护卵的内部结构，还能减少水分的丢失。

答案：（1）②胚盘 卵黄 卵白 （2）⑤卵壳

解释：（1）鸟卵的胚盘内含有细胞核，是胚胎发育的部位；为胚胎发育提供营养的结构是卵黄和卵白。如图所示的鸟卵结构示意图中，②胚盘将来发育成胚胎，是鸟卵中最重要的部分。胚胎发育过程中的营养来源于④卵黄和①卵白。（2）鸟类产大型硬壳卵，卵壳不但可以保护卵的内部结构，还能减少水分的丢失。鸟类的卵之所以能够在陆地环境中发育并孵化，主要原因是它们的卵具有⑤卵壳，不但可以保护卵的内部结构，还能减少水分的丢失。

7.4 遗传和变异

概念本体　遗传和变异

概念释义　遗传是指亲子间的相似性。变异是指亲子间和子代个体间的差异。

概念解读　遗传就好比复制粘贴，父母把各自的很多特点，如身高、长相等信息复制了一份给你，所以你和父母总有一些地方很像。例如，爸爸是双眼皮，你也可能是双眼皮；妈妈是卷头发，你可能也是卷头发。变异则像复制的时候出了点小意外，出现了一些变化。例如，猫大多为短毛，偶尔会产生一只长毛小猫，这就是变异的体现。

概念应用

遗传和变异普遍存在于自然界中。"龙生龙、凤生凤，老鼠的儿子会打洞"指的就是遗传的重要性，遗传使得不同物种种族稳定延续，世代保持原种族的基本特性。而"龙生九子，各有不同"便是变异的体现，变异使得物种族群中不同个体有所差异，适应环境的能力也有所不同，所以当环境多变时，变异产生的多样的个体总有能适应环境而生存下来的，从而保证族群的延续。

生活中，遗传和变异有众多应用场景。农业生产上，人类应用遗传变异原理培育新品种。世界栽培植物和饲养动物的优良品种中，有许多源自我国。另外，我们还可以通过诱导植物发生变异产生新的优良个体，袁隆平和他的超级杂交水稻便是杰出代表。科学家也利用太空环境或化学药剂处理种子，获得具有新优良性状的品种。太空椒就是利用太空环境诱导青椒种子变异培育出的，果实更大，营养更丰富。现代医学可以通过分析家族遗传病史，预测疾病发生风险，为疾病预防和个性化治

疗提供依据，如对有乳腺癌家族史的人群进行重点筛查。当然，遗传和变异也会造成不好的结果。例如，镰刀型细胞贫血症就是一种严重的遗传病，因为遗传物质发生改变导致红细胞无法正常携带氧气，从而威胁患者的生存。造成变异的原因主要有两种：遗传物质变化和环境变化。只有遗传物质改变的变异才能传递给下一代，例如镰刀型细胞贫血症，称为可遗传变异；像夏天总在室外踢足球而导致肤色变黑这种因为环境导致的变异，则不可遗传给后代，因此称为不可遗传变异。

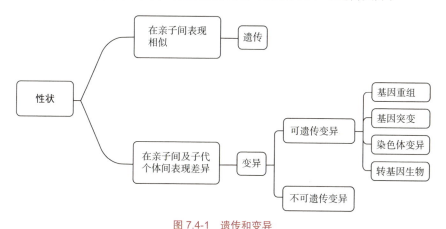

图 7.4-1　遗传和变异

🔴 **例题讲解**

1. 下列现象不属于遗传的是（　　　）。

　　A.种瓜得瓜，种豆得豆

　　B.父亲是双眼皮，孩子也是双眼皮

　　C.同一株月季上开有红花、黄花和白花

　　D.母亲是 A 型血，女儿也是 A 型血

　　答案：C

　　解释：遗传是指亲子间的相似性；变异是指子代与亲代之间的差异，以及子代个体之间的差异。同一株月季上有不同颜色的花，说明是同一生物的不同子代个体之间存在差异，因此为变异现象，不属于遗传现象，故选 C。

2. 下列属于不可遗传变异的是（　　　）。

　　A.视觉正常的夫妇生下患色盲的儿子　　B.家兔的毛色有白色、黑色和黄色

　　C.玉米地中出现的白化苗　　　　　　　D.经常在户外工作的人皮肤变黑

　　答案：D

解释：变异是指子代与亲代之间的差异，以及子代个体之间的差异，按照变异的原因可以分为可遗传变异和不可遗传变异。可遗传变异是由遗传物质改变引起的，可以遗传给后代；不可遗传变异则由环境改变引起，不能遗传给后代。视觉正常的夫妇生下患有色盲的儿子，家兔的毛色有白色、黑色、黄色，玉米地里出现个别白化苗，这些现象都是遗传物质改变引起的，可以遗传给后代，是可遗传变异。经常在野外工作的人皮肤变黑是环境改变引起的变异，遗传物质没有改变，是不可遗传变异，故选 D。

7.5 性状和相对性状

概念本体 性状和相对性状

概念释义 性状是生物体形态结构、生理和行为等特征的统称。相对性状是指同种生物同一性状的不同表现形式。

概念解读 性状就像是每个人身上戴着的"小标签"。就拿你和小伙伴们来说，有的同学长得高高的，有的同学是双眼皮，还有的同学笑起来有甜甜的酒窝。身高、眼皮单双、有没有酒窝，都是性状。再看小狗，毛色是白的还是黄的，耳朵是耷拉着还是竖起来的，也都是小狗的性状。简单来说，性状就是生物身上能被看到或感知到的特征。接下来我们再看眼皮这一性状，你们班同学有的是双眼皮，有的是单眼皮。双眼皮和单眼皮就是一对相对性状，就像同一类事物的不同"版本"。再比如小兔子，有的毛是白色，有的毛是灰色，白和灰就是一对相对性状。还有豌豆，有的豆荚是饱满的，有的豆荚是皱缩的，饱满和皱缩也是相对性状。它们都是同一生物同一特征的不同表现。

概念应用

人们对遗传和变异的认识，最初是从性状开始的，后来随着科学的发展，逐渐深入到基因水平。任何生物都有许多性状，包括形态结构（如豌豆种子圆或皱、兔子毛发黑或白）、生理特性（如人的 A、B、O 血型）和行为方式（如惯用右手、婴儿一出生就会吮吸）等。自然界中，同种生物的同一性状常常有不同的表现形式，如番茄果实的红色或黄色、家兔毛的黑色或白色、人的双眼皮或单眼皮等。为了描述方便，遗传学家把同种生物同一性状的不同表现形式称为相对性状。

在农业生产上，通过观察和利用农作物的相对性状，如抗倒伏与易倒伏、高产与低产等，农业科研人员可以进行杂交育种，将具有优良性状的品种进行杂交，培育出更符合人们需求的新品种，提高农作物产量和质量。在医学研究领域以及人类遗传学研究中，相对性状可用于分析某些疾病的遗传规律。例如，有无耳垂、单眼皮与双眼皮等简单的相对性状可以作为遗传标记，帮助研究人员追踪疾病基因的遗传方式，预测疾病的发生风险，为疾病的诊断和治疗提供依据。另外，生物的相对性状在自然选择过程中具有重要意义，不同的相对性状在不同环境中有不同的适应性，比如动物的毛色、体形大小等相对性状，通过研究它们在不同环境中的变化，可以了解生物是如何通过自然选择逐渐进化和适应环境的。

表 7.5-1　个体间性状比较

序号	性状类型	不同的表现形式	
1	卷舌	能卷舌	不能卷舌
2	前额发际	V 形	一字形
3	耳垂	有耳垂	无耳垂
4	眼睑	双眼皮	单眼皮
5	大拇指	能侧向弯曲	不能侧向弯曲
6	酒窝	有	无
7	惯用手	右手	左手

例题讲解

下列性状中，不属于相对性状的是（　　　）。

A. 番茄红果和黄果　　　　　　B. 双眼皮和大眼睛

C. 山羊有角和无角　　　　　　D. 人的色觉正常和色盲

答案： B

解释： 番茄红果和黄果、山羊有角和无角、人的色觉正常和色盲都是同种生物同一性状的不同表现形式，都属于相对性状；而"双眼皮和大眼睛"属于同种生物的不同性状，不是相对性状，故选 B。

7.6　性别决定

概念本体　性别决定

概念释义　性别决定是指生物个体发育过程中，决定其性别的机制和方式。

🍀 **概念解读** 染色体就像图书馆书架上的一排排特制"大书",这些"大书"里藏着好多好多关于你的小秘密,比如你的身高、头发颜色、眼睛形状是怎么来的,都写在上面。生物的性别也写在这些"大书"中,由专门的性染色体决定。

🍀 **概念应用**

在生物体的体细胞(除生殖细胞外的细胞)中,一般情况下染色体是成对存在的。例如,果蝇的体细胞中染色体为 4 对,而人的体细胞中染色体为 23 对。若按照大小将这些染色体进行编号和排序,就能得到染色体图谱,从而用于染色体的相关研究。

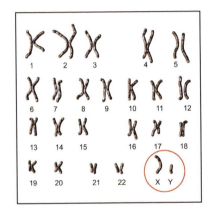 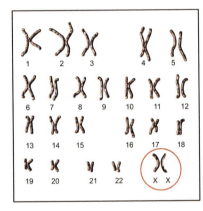

男性   女性

图 7.6-1 人体染色体排列图

1902 年,科学家在研究中发现,男性体细胞中有一对染色体与其他染色体不同。这对染色体在形态上差异显著,且与性别有关,所以科学家把这对染色体称为性染色体。后来,科学家进一步把男性体细胞中的这对染色体分别称为 X 染色体和 Y 染色体;而女性体细胞中与此对应的这对染色体二者是一样的,都是 X 染色体。女性在两次月经之间,会排出一个含 X 染色体的卵细胞。男性在一次生殖活动中会排出上亿个精子,这些精子根据所含的性染色体分为两种,一种是含 X 染色体的,一种是含 Y 染色体的,它们与卵细胞结合的机会均等。一般情况下,如果母亲的卵细胞与父亲的含 X 染色体的精子结合,受精卵的性染色体组成就是 XX,那么此受精卵发育成的孩子就是女孩。如果母亲的卵细胞与父亲的含 Y 染色体的精子结合,受精卵的性染色体组成就是 XY,那么此受精卵发育成的孩子就是男孩。因此,人的性别是由性染色体决定的。

随着研究的深入,1990 年,一位英国科学家发现在 Y 染色体上决定雄性性别的基因，1992 年他又进一步证实了这个基因决定睾丸的形成。此后，科学家还发现了其他 Y 染色体上与男性性别相关的基因，以及 X 染色体上与女性性别相关的基因。

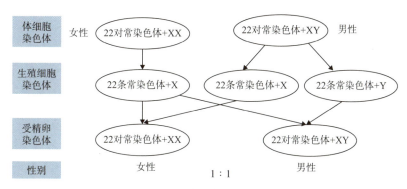

图 7.6-2 人的性别遗传图解

例题讲解

1. 一对夫妇生育了一个男孩，下列关于该男孩体细胞中染色体的叙述正确的是（   ）。

   A. 与性别无关的染色体有 23 对　　　　　B. X 染色体来自母亲

   C. 不含性染色体　　　　　　　　　　　　D. 性染色体组成为 XX

   答案：B

   解释：人类的性别，一般是由性染色体决定的。性染色体有 X 染色体和 Y 染色体，一对性染色体为 XX 时为女性，一对性染色体为 XY 时为男性。女性排出一个含 X 染色体的卵细胞。精子的性染色体有两种，一种是含 X 染色体的，一种是含 Y 染色体的。受精时，如果是含 X 染色体的精子与卵细胞结合，就产生具有 XX 的受精卵并发育成女性；如果是含 Y 染色体的精子与卵细胞结合，就产生具有 XY 的受精卵并发育成男性。与性别无关的染色体有 22 对，A 选项错误；男孩的 X 染色体来自母亲，Y 染色体来自父亲，B 选项正确；男孩体细胞中有一对性染色体 XY，C、D 选项错误。

2. 下列关于正常男性染色体的叙述错误的是（   ）。

   A. 体细胞中有 1 对性染色体　　　　　　　B. 体细胞中 Y 染色体一定来自父亲

   C. 精子中一定不含 X 染色体　　　　　　　D. 精子的染色体数目为体细胞的一半

   答案：C

   解释：男性体细胞中有 1 对性染色体 XY，A 选项正确。男性体细胞中 Y 染色体一定来自父亲，X 染色体来自母亲，B 选项正确。男性产生的精子有两种：22 条 +X 或 22 条 +Y。故精子中可能含 X 染色体，C 选项错误。在形成精子的细胞分裂过程中，染色体要减少一半，而且不是任意的一半，是每对染色体中的一条分别进入不同的精子中。故精子的染色体数目是体细胞的一半，D 选项正确。

7.7　转基因技术

概念本体　转基因技术

概念释义　转基因技术是指把一种生物的某个基因，用生物技术的方法转入另一种生物的基因组中，培育出表现转入基因所控制性状的转基因生物。

概念解读　转基因就像是给生物"拼拼图"。每种生物都有自己的"拼图"，也就是基因。科学家把一种生物里有用的"拼图块"取出来，放进另一种生物的"拼图"里，让这种生物也能拥有前一种生物的有用性状。例如，将能让西红柿更耐储存的"拼图块"放到普通西红柿里，普通西红柿也会变得更耐储存。这样改变基因的技术，就叫转基因技术，它能让生物拥有新的好本领。

概念应用

转基因技术目前已被广泛应用在生活和生产中。

在农业领域，棉花是重要的经济作物，2024 年全国棉花播种面积 4257.4 万亩，新疆棉区是我国最大的棉花播种区。我们日常用的棉质纺织品都来自棉花这一作物。然而，普通棉花容易遭受害虫侵害，造成产量降低。因此，科学家通过转基因技术将抗虫基因转到棉中，就像给棉花穿上了"防护服"一般，让它具备了抗虫能力，提高了产量。

转基因技术也是生物医药领域的重要技术。大家可能见过家中老人因血糖过高而注射胰岛素，胰岛素的普遍应用就是得益于转基因技术的发展。胰岛素的提取经历了多个阶段的探索尝试。1921 年，加拿大外科医生班廷及其助理贝斯特成功从狗身上提取出胰岛素，成功降低了患有糖尿病的狗的血糖。1922 年，首位糖尿病患者接受胰岛素治疗，血糖在短时间内降至正常水平。1923 年，礼来公司完成胰岛素的批量生产。然而，当时从动物身上提取的胰岛素纯度不高、伴有杂质，提取成本高且产量低，导致胰岛素的应用并不广泛。1965 年 9 月 17 日，中国科学家人工合成了结晶牛胰岛素，这是世界上第一个人工合成的蛋白质，为胰岛素的批量生产奠定了一定基础。20 世纪 80 年代，以转基因技术为基石的人胰岛素应运而生——通过将人胰岛素基因导入微生物细菌中，让细菌像"小工厂"一样大量合成人胰岛素。这样获得的胰岛素纯度高、品质好、价格低，对于血糖控制更加精确，很快取代了第一代的动物胰岛素，被人们广泛使用。

一张图看懂 生物 要学什么

1 生物体的结构层次
- 细胞
- 细胞分裂
- 细胞分化
- 组织
- 生物体的结构层次

2 植物的生活

- 胚
- 根尖
- 芽
- 花和果实
- 传粉和受精
- 导管和筛管
- 蒸腾作用
- 生物圈中的水循环
- 光合作用
- 呼吸作用
- 碳氧平衡

3 生物与环境（初级篇）
- 生态因素
- 生态系统
- 食物链和食物网
- 生态系统的自我调节
- 能力
- 生物圈

4 人体生理与健康

- 生殖系统
- 青春期
- 食物中的营养物质
- 消化和吸收
- 合理营养
- 呼吸系统
- 呼吸运动
- 血液
- 血管
- 心脏
- 血液循环
- 排泄
- 近视眼
- 耳蜗
- 神经元
- 脑
- 反射和反射弧
- 激素调节

5 动物的运动和行为

- 运动系统
- 先天性行为
- 学习行为
- 社会行为

6 生物的多样性
- 无脊椎动物
- 脊椎动物
- 细菌
- 真菌
- 菌落
- 病毒
- 原核生物
- 发酵
- 生物分类
- 生物多样性

7 遗传与进化
- 有性生殖和无性生殖
- 变态发育
- 胚盘
- 遗传和变异
- 性状和相对性状
- 性别决定
- 转基因技术
- 化石

8 健康地生活
- 传染病
- 特异性免疫和非特异性免疫
- 免疫规划
- 处方药和非处方药
- 急救方法

9 分子与细胞
- 生物大分子
- 蛋白质
- 核酸
- 细胞膜
- 细胞器
- 被动运输
- 主动运输
- 胞吞与胞吐
- 酶
- ATP
- 细胞周期

10 遗传与变异

- 显性与隐性
- 生殖细胞
- 自交与杂交
- DNA 的结构
- DNA 的复制
- 遗传信息的转录
- 遗传信息的翻译
- 基因突变
- 人类遗传病

11 内环境与稳态
- 内环境
- 人的大脑
- 分级调节
- 突触
- 血糖平衡
- 植物激素

12 生物与环境（进阶篇）
- 种群
- "J" 形增长和 "S" 形增长
- 生物群落
- 群落演替
- 物质循环
- 能量流动
- 生态系统的稳定性
- 生态工程

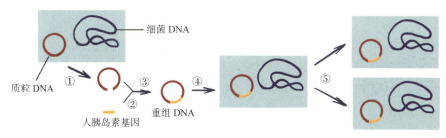

质粒 DNA　①　②　人胰岛素基因　③　重组 DNA　④　⑤　细菌 DNA

图 7.7-1　利用转基因技术合成人胰岛素

例题讲解

在研制疫苗时，需要用感染病毒的小鼠进行前期实验，但小鼠先天不易被感染。研究者将控制人 ACE2 蛋白合成的基因引入小鼠，成功获得易感染病毒的小鼠。该小鼠的获得运用了（　　）。

A. 转基因技术　　　　B. 发酵技术　　　　C. 组织培养技术　　　D. 克隆技术

答案： A

解释： 研究者将控制人 ACE2 蛋白合成的基因引入小鼠，成功获得易感染病毒的小鼠。这项技术叫作转基因技术，故选 A。发酵技术是指利用微生物的特性，通过一定的过程，生产相应的产品，如利用酵母菌制作馒头、面包、酿酒，利用乳酸菌制作酸奶、泡菜等。组织培养技术是指在无菌条件下分离植物体的一部分，接种到培养基上，在人工控制的条件下进行培养，使其生成完整的植株。克隆技术是指通过生物体的体细胞进行无性繁殖，形成基因型完全相同的后代个体。

7.8　化石

概念本体　化石

概念释义　化石是由生物的遗体、遗物或生活痕迹等，由于某种原因被埋藏在地层中，经过若干万年的复杂变化形成的。

概念解读　化石就像地球写的"历史日记"。很久很久以前，动物、植物去世后，被泥沙层层掩埋。经过漫长时间，它们的身体虽然消失了，但形状、痕迹印在了石头里，就像字迹印在日记上。例如，恐龙化石就是恐龙在地球上生活过的"日记"，通过它，我们能知道恐龙的样子，了解它们的生活，就像翻开日记，看到了地球古老的过去。

概念应用

　　化石是研究生物进化的直接证据。科学家在不同的地层中发现了不同的化石，通过比较的方法，确定化石出现的时间，总结生物进化的规律。经科学家研究发现，比较古老的地层中生物化石种类较少，在更为晚近的地层中生物化石种类较多，其中，鱼类的化石出现在了比较古老的地层中，两栖类、爬行类和哺乳类的化石则在更为晚近的地层中才出现。另外，通过比较不同化石中生物的形态结构差异，可以推断生物的进化历程。例如，对郑氏始孔子鸟化石的研究表明，这种动物既像鸟，又像爬行动物，由此可以推断，鸟类可能是由爬行类进化而来的。其实，比较的方法是生物学研究中常用的方法之一。比较是指根据一定的标准，把彼此有某种联系的事物加以对比，确定它们的相同和不同之处。对不同种类生物的形态结构进行比较，可以推断它们之间的亲缘关系。例如，通过对马、蝙蝠的前肢和鹰的翅膀骨骼进行比较，可以发现它们虽然有所差别，但也有许多共同特征，这说明它们可能是由共同的祖先进化而来的。随着科学技术的发展，现代科学还有很多除化石之外的证据，如胚胎学、分子生物学、生理学等学科的研究成果，可以更加精确地解释生物之间的亲缘关系。总之，科学家通过对化石等各种证据进行时间的纵向比较和生物种类的横向比较，推断出了生物进化的大致过程：原核生物是地球上最早出现的生物，后来才出现了真核生物，现在形形色色的植物和动物都是真核生物。生物进化的总体趋势是由简单到复杂、由低等到高等、由水生到陆生。新的生物种类在进化过程中不断出现，也有生物种类在进化过程中逐渐灭绝。最终，各种生物在进化过程中都形成了各自适应环境的形态结构和生活习性。

例题讲解

1. 印度洋南部的克格伦岛上经常刮大风，达尔文在这个岛上发现，昆虫一般呈现出两种类型：多数昆虫无翅、残翅，少数昆虫有强健翅。岛上具有正常翅的昆虫消失了。下列说法错误的是（　　）。

    A. 翅型的差异体现出生物的多样性

    B. 正常翅昆虫的消失是与海岛环境斗争的结果

    C. 频繁的大风导致昆虫的变异类型出现

    D. 无翅、残翅和强健翅都是与海岛环境相适应的

    答案：C

    解释：昆虫不同个体之间有强健翅、无翅或残翅的区别，这是生物之间的变异现象，翅型的差异体现出生物的多样性，A选项正确。自然界中生物赖以生存的生活条件（包括食物

和生存空间等）是有限的。生物要生存下去，就要进行生存斗争。因此，正常翅昆虫的消失是与海岛环境生存斗争的结果，B 选项正确。大风只是对昆虫的性状进行了自然选择，变异是生物普遍存在的现象，变异是不定向的，C 选项错误。无翅、残翅和强健翅的昆虫个体生存下来并繁殖后代，这种适者生存现象都是与海岛环境相适应的。D 选项正确。

2. 下列有关生物进化错误的是（　　）。

A. 研究生物进化最直接的证据是化石

B. 在近晚期的地层中，只有高等生物的化石

C. 始祖鸟和孔子鸟的化石能充分证明鸟类是从爬行类进化来的

D. 生物进化的总体趋势是由简单到复杂、由低等到高等、由水生到陆生

答案：B

解释：生物进化的证据有化石证据、比较解剖学上的证据、胚胎学上的证据，其中化石是研究生物进化的主要且最直接的证据，A 选项正确。越晚近的地层中，形成化石的生物越复杂、高等，陆生生物较多，而低等的生物化石相对较少，B 选项错误。一方面，始祖鸟保留了爬行类的许多特征，例如嘴里有牙齿，而不是形成现代鸟类那样的角质喙；但是另一方面，始祖鸟又具有鸟类的一些特征，如已经具有羽毛，在一些骨骼形态上也表现出一些鸟类特征或过渡特征，如它的第三掌骨已经与腕骨愈合。因此，始祖鸟可以证明鸟类与爬行类之间存在一定的亲缘关系，鸟类由爬行类进化而来，C 选项正确。生物进化的总体趋势是由简单到复杂、由低等到高等、由水生到陆生，D 选项正确。

8 健康地生活

8.1 传染病

概念本体 传染病

概念释义 传染病是指由病原体（如细菌、病毒、寄生虫等）引起的、能在人与人之间或人与动物之间传播的疾病。

概念解读 传染病就像喜欢到处串门的"怪兽"，它把"小怪兽"藏在生病的人或者动物身上，通过一些方式悄悄向没患病的人或动物传播。比如，流感就是一种传染病，"小怪兽"就藏在已经感染流感病毒的人的喷嚏里，会在他们打喷嚏时被一同喷出。别人若不小心吸入，就会被"小怪兽"感染，也会生病。还有，如果手没洗干净，吃了被"小怪兽"污染的食物，也会生病。于是一传十、十传百，传染病就流行起来了。这些到处散播的"小怪兽"既可能是细菌，也可能是病毒，还可能是寄生虫。

概念应用

　　流行性感冒（简称流感）是一种由流感病毒引起的急性传染病，其病因与普通的感冒不同。流感患者的鼻涕、唾液和痰液中含有大量流感病毒。当流感患者讲话、咳嗽、打喷嚏时，会从鼻咽部喷出大量含有流感病毒的飞沫。飞沫悬浮于空气中，周围的人吸入这种带有病毒的空气后，就可能患上流感。接触过流感患者的人，都可能被传染上流感。传染病要想在人群中流行起来，必须同时具备传染源（流感患者）、传播途径（空气飞沫）和易感人群（没有流感病毒抗体的人，一般是老人和小孩），缺少其中任何一个环节，传染病就流行不起来。因此，我们可以从三个环节入手预防传染病，分别是控制传染源、切断传播途径和保护易感人群。生活中有很多做法能够有效地阻止传染病传播。例如，治疗患者、掩埋焚烧患病动物属于控制传染源，勤洗手、戴口罩、酒精消毒都属于切断传播途径，接种疫苗、锻炼身体则属于保护易感人群。在实际预防传染病时，既要针对传染病流行的三个环节采取综合措施，又要根据不同病种的特点和具体情况，在三个环节中抓住主要环节，做到综合措施和重点措施相结合。例如，对蛔虫病等消化道传染病要以搞好个人和环境卫生、切断传播途径为重点；对麻疹和脊髓灰质炎要以预防接种、保护易感人群为重点。

表 8.1-1　传染病的流行和预防措施

流行环节	解释说明	预防措施	预防措施举例
传染源	能够散播病原体的人或动物	控制传染源	"早发现、早报告、早隔离、早治疗"，如测体温，对患者进行隔离
传播途径	病原体离开传染源后到达健康人所经过的途径	切断传播途径	如居室通风、戴口罩、穿防护服、环境消毒、勤洗手、灭蚊（生物媒介传播）
易感人群	对某种传染病缺乏抵抗能力而容易感染的人群	保护易感人群	1. 通过锻炼身体增强体质 2. 采用预防接种等提升免疫力

例题讲解

1. 下列不属于传染病的是（　　）。

A. 糖尿病　　　　B. 狂犬病　　　　C. 肺结核　　　　D. 蛔虫病

答案：A

解释：糖尿病是由胰岛素分泌不足引起的激素缺乏症，不是传染病；狂犬病、肺结核、蛔虫病都是由病原体引起的传染病。故选 A。

2. 某医院接收一位甲类传染病患者后，及时对该患者进行隔离治疗，同时对患者的衣物和饮食用具进行严格消毒，这两项措施分别属于（　　）。

A. 切断传播途径、保护易感人群　　　B. 保护易感人群、切断传播途径

C. 控制传染源、切断传播途径　　　　D. 控制传染源、保护易感人群

答案：C

解释：传染病是由病原体引起的，能在生物体之间传播的疾病。传染病流行必须同时具备传染源、传播途径、易感人群三个基本环节。所谓传染源是指能够散播病原体的人或动物，传播途径是指病原体离开传染源到达健康人所经过的途径，易感人群是指对某种传染病缺乏免疫力而容易感染该病的人群。预防传染病的措施可分为控制传染源、切断传播途径和保护易感人群三个方面。隔离传染病病人的主要目的控制传染源，对病人的衣物和饮食用具进行严格消毒属于切断传播途径。故选 C。

8.2　特异性免疫和非特异性免疫

概念本体　特异性免疫和非特异性免疫

概念释义　非特异性免疫是指人生来就有的天然防御屏障，不针对某一特定的病原体，而是对多种病原体都有防御作用，也称先天性免疫。特异性免疫是指在人体

出生后逐渐形成的防御屏障，只针对某一特定的病原体或异物起作用，也称后天免疫。

概念解读 如果把你的身体想象成一座城堡，非特异性免疫就像是城堡的坚固城墙和巡逻卫兵。皮肤如同城墙，帮你挡住大部分细菌、病毒这些"小怪兽"，不让它们随便闯进来。鼻毛和黏液像一张网一样抓住那些想钻进身体的灰尘和细菌。而血液里的白细胞就像巡逻卫兵，一旦发现有"小怪兽"入侵，它们就会第一时间冲上去攻击，保卫城堡的安全。这就是非特异性免疫，它是身体的第一、二道防线，保护着我们的健康。特异性免疫则像身体里的"超级英雄小分队"。当"小怪兽"突破身体前两道防线时，"小英雄"就会集体出动，从身体的武器库里拿出专门的"武器"，比如抗体，来攻打侵入的细菌、病毒。有的"小英雄"还会记住这些"小怪兽"的样子，等它们下次来犯时就能快速认出，马上拿出对应的"武器"击败它们。

概念应用

在人们生活的环境中，存在着大量的病原体（细菌、病毒、寄生虫等），但多数人仍安然无恙。人之所以能在许多病原体存在的环境中健康生活，是因为人体具有保卫自身的三道防线。皮肤和黏膜是保卫人体的第一道防线，可以阻挡大多数病原体侵入人体，分泌具有杀菌作用的分泌物。体液中的杀菌物质和吞噬细胞是保卫人体的第二道防线。杀菌物质中的溶菌酶能使病菌溶解，吞噬细胞可以将侵入人体的病原体吞噬消化。这两道防线是人类在进化过程中逐渐建立起来的天然防御屏障，是每个人生来就有的，对所有入侵的病原体都起防御作用，称为非特异性免疫。第三道防线则主要是人体在出生之后逐渐形成的后天防御屏障，只针对特定的病原体或异物起作用，突出的特点是人体会产生针对某一病原体的抗体来发挥作用，称为特异性免疫。比如我们接种流感疫苗，就是刺激身体产生针对流感病毒的专一性抗体，从而在流感病毒入侵时保护我们的身体健康。

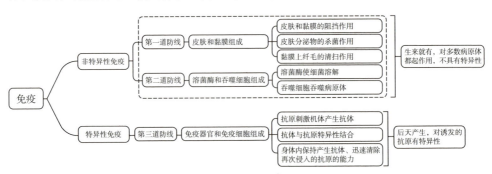

图 8.2-1 人体免疫

例题讲解

1. 下列关于人体免疫系统的说法，错误的是（　　）。

   A. 皮肤和黏膜是人体第一道防线，具有非特异性免疫功能

   B. 杀菌物质和吞噬细胞具有特异性免疫功能

   C. 抗体抵抗抗原的作用属于人体第三道防线

   D. 人体免疫系统中免疫器官和免疫细胞至关重要

   答案：B

   解释：皮肤和黏膜是保卫人体的第一道防线，属于非特异性免疫，A 选项正确。第二道防线是体液中的杀菌物质和吞噬细胞，具有溶解、吞噬和消灭病原体的作用。这种免疫能力是人一出生就有的，人人都有，对多种病原体有免疫作用，因此属于非特异性免疫，B 选项错误。免疫器官和免疫细胞通过产生抗体抵抗抗原组成了保卫人体的第三道防线，对于人体至关重要，C、D 选项正确。

2. 皮肤具有屏障作用，可阻挡外界病原体的入侵，是人体重要的免疫防线。下列关于皮肤屏障作用的叙述错误的是（　　）。

   A. 是保卫人体的第一道防线　　　　B. 只针对特定病原体起作用

   C. 是人生来就有的免疫防线　　　　D. 属于非特异性免疫

   答案：B

   解释：人体的皮肤、黏膜等构成了保卫人体的第一道防线，是人生来就有的，对多种病原体都有防御功能，不针对某一种特定的病原体起作用，属于非特异性免疫，B 选项错误。

8.3　免疫规划

概念本体　免疫规划

概念释义　免疫规划是指根据某些传染病的发生规律，将各种安全有效的疫苗，按照科学的免疫程序，有计划地给儿童接种，以达到预防、控制和消灭传染病的目的。

概念解读　如果把身体想象成一辆小汽车，免疫规划就如同提前给车做保养和加固，疫苗就像特殊的"加固零件"。比如接种了预防流感的疫苗，就如同给车装了个防流感"护盾"，身体就能提前做好准备，当流感病毒这个"小怪兽"来袭时，身体这辆"小汽车"就能轻松应对，稳稳当当不抛锚。

概念应用

自中华人民共和国成立之初，我国就开始了预防接种工作。每个人从出生开始就拥有一本儿童预防接种证，上边详细记录了自出生以来所接种的疫苗名称、时间等信息。例如，婴儿出生后，医院就会立即对其接种卡介苗和乙肝疫苗。婴儿满月后，要到户口所在地（或居住地）指定的社区医院保健科办理接种登记，领取预防接种证，医生会按婴儿的月龄安排接种日期。这种方式可以有效保护我们成长，使我们获得抵御相关传染病的能力。例如接种卡介苗可以预防结核病，接种百白破疫苗可以预防百日咳、白喉和破伤风这三种疾病。因此，免疫规划是预防传染病的一种简便易行的手段，对于预防儿童常见传染病、保护儿童的健康和生命具有十分重要的意义。此外，免疫规划还可以控制传染病的传播。例如在社区和学校等人群密集的地方，免疫规划可以建立起群体免疫屏障。当大部分人按照计划接种了疫苗后，传染病就很难在人群中传播开来。比如在流感季节，学校组织学生接种流感疫苗，就可以大大降低流感的传播速度，保护整个学校的师生健康。另外，在面对突发的传染病疫情时，免疫规划也能发挥重要作用。我国规定对 12 岁以下儿童实施"四苗"常规预防接种。

表 8.3-1 "四苗"常规预防接种

疫　　苗	预防的传染病
卡介苗	结核病
百白破联合疫苗	百日咳、白喉、破伤风
脊髓灰质炎疫苗	脊髓灰质炎（俗称小儿麻痹症）
麻疹疫苗	麻疹

例题讲解

我国实施免疫规划，有计划地对儿童进行预防接种，以控制传染病。下列叙述错误的是（　　）。

A. 疫苗相当于抗原　　　　　　　　B. 预防接种后体内可产生相应抗体

C. 预防接种是针对特定病原体的免疫　　D. 接种一次即可终身具有免疫能力

答案：D

解释：接种的疫苗是由病原体制成的。虽然经过处理之后毒性减少或失去了活性，但它依然是病原体，因而进入人体后能刺激淋巴细胞产生相应的抗体，增强抵抗力，从而避免传染病的感染。因此疫苗相当于抗原，A 选项正确。预防接种是增强人体免疫力的有效措施之一。人体接种疫苗后会产生相应的抗体，B 选项正确。预防接种属于特异性免疫，是针对特定病原体的免疫，C 选项正确。并不是所有的疫苗都具有终身免疫能力，D 选项错误。

8.4 处方药和非处方药

概念本体　处方药和非处方药

概念释义　处方药是指必须凭执业医师或执业助理医师的处方才可以购买，并按医嘱服用的药物；非处方药指不需要凭医师处方即可购买，按所附说明服用的药物。非处方药适用于消费者可以自我诊断、自我治疗的小伤小病，简称 OTC。

概念解读　如果把看病比作一场通关冒险游戏，手指轻微划伤这样的小伤就如同游戏中的小关卡，我们只需要自己阅读说明书，就能拿出相对应的非处方药通关。而有些病就像超难的关卡，需要医生来判断怎么攻克。处方药就像特殊的"通关道具"，需要医生给你开具专属"通关秘籍"，只有医生知道什么时候、怎么用它才最安全有效。比如治疗心脏病的药，要是自己乱拿乱用，就像没看秘籍瞎闯关，不仅治不好病，还可能惹出大麻烦，所以一定要遵医嘱用处方药。

概念应用

现在，许多家庭会根据家庭成员的健康需要，配备家庭小药箱。你家中有小药箱吗？药箱中一般是什么药品？一般来说，小药箱中除了备有某些家庭成员特殊需要的药物外，还有一些常用药，如感冒冲剂、对乙酰氨基酚、盐酸小檗碱等，此外还有碘伏、酒精、纱布、胶布、创可贴、体温计等。家庭小药箱可以帮助我们治疗一些常见疾病，处理轻微创伤。

你和家人生病时，一般采用处方药还是非处方药治疗？不管是处方药还是非处方药，在使用之前，都应该仔细阅读药品说明书，重点关注药品的名称、主要成分、作用和用途（功能与主治）、不良反应（副作用）、注意事项、用法用量、制剂与规格以及生产日期和有效期等，以确保用药安全。你可以收集一些家庭常用药品的说明书，试着读懂这些说明。

另外，如果有外出活动或旅游的需求，我们也可以自行设计旅行小药箱，准备好必备的药物清单，如应对晕车、感冒、腹泻、发热、蚊虫叮咬、过敏及轻微外伤的药物，并了解清楚这些药品的使用方法。总之，要根据病人的病情、体质和药物的作用适当选择药品，以适当的方法、剂量和时间准确用药，充分发挥药物的最佳效果，尽量减小药物对人体产生的不良影响或危害，做到安全用药。

例题讲解

1. 以下关于安全用药的描述，错误的是（　　　）。

　　A. 购买药物要到合法的医疗机构和药店　B. 处方药须凭执业医师开具的处方购买

　　C. 阅读药品说明书是正确用药的前提　　D. 发烧时可自行选择服用抗生素等药物

答案：D

解释：购买药物要到合法的医疗机构和药店，A 选项正确。处方药须凭执业医师开具的处方购买。非处方药是不需要医师处方即可自行判断、购买和使用的药品，但服用前需仔细阅读使用说明书，了解药物的主要成分、适应症、用法用量等，按要求服用，以确保用药安全，B 选项正确。阅读药品说明书是正确用药的前提，C 选项正确。抗生素是处方药，必须在执业医师的指导下服用，不能自行购买或任意加大剂量。抗生素只对细菌起作用，若滥用抗生素，细菌一旦产生抗药性，害人害己，D 选项错误。

2. 某六年级学生最近患上了流行性感冒，他在家中找到了一瓶治疗流行性感冒的药物，看了瓶上的标签后，认为此药不宜服用。最可能的原因是（　　　）。

　　【作用类别】非处方药药品

　　【适应症】本品用于治疗和减轻流行性感冒引起的发热、头痛等症状。

　　【用法用量】口服。成年人和 12 岁以上儿童每 6 小时服 1 次，一次 1 片。

　　【不良反应】有时有轻度头晕、食欲不振等。

　　【有效期】24 个月

　　【生产日期】2006 年 7 月

　　A. 药不对症　　　　　　　　　　B. 药物的副作用太大

　　C. 没有医嘱，不能服用　　　　　D. 药物已过期

答案：D

解释：药品分处方药和非处方药，非处方药是不需要医师处方即可自行判断、购买和使用的药品，简称 OTC。这些药物大都用于多发病常见病的自行诊治。处方药是必须凭执业医师或执业助理医师开具的处方才可调配、购买和使用的药品。根据病情需要，恰当选择药物，以达到好的治疗效果，尽量避免药物给人体带来不良反应，是安全用药的根本。不使用过期药也是安全用药的一个方面，此药虽有有效期和生产日期，但不知题目事件发生的具体时间，因而其不宜服用的最可能原因是药物已过期。

8.5　急救方法

概念本体　急救方法

概念释义　急救方法是指在突发疾病、遭遇意外伤害等紧急情况下，为了挽救生命、减轻痛苦、防止病情或伤情恶化而采取的一系列迅速、有效的临时性医疗措施。

概念解读　想象我们的身体是一辆正在行驶的汽车，要是汽车突然出故障，比如轮胎爆了、发动机冒烟，就得马上采取一些紧急措施，不然车就开不了，甚至会更糟糕。急救方法就像汽车的"紧急修理术"。当有人突然生病或者受伤，如摔倒骨折、噎食呼吸困难时，心肺复苏、海姆立克急救法等就如同紧急修汽车，能帮身体"修好故障"，让身体尽快好起来。

概念应用

生活中难免会遇到一些危急情况或意外伤害，掌握必备的急救方法是保护我们和家人健康的有效手段。

1. 紧急呼救：当遇到有人溺水或突然晕倒等情况时，立即拨打120急救电话，并判断对方有无呼吸和意识，求助急救中心，挽救生命。在救护车到达之前，应争分夺秒采取一些急救措施。例如，有人因触电导致呼吸、心跳骤停时，首先要关闭电源开关，将患者置于安全的环境中，并对患者进行心肺复苏。心肺复苏包括胸外按压和人工呼吸等。如果周围环境中有自动体外除颤器（AED），应尽快取得设备进行辅助救治。

2. 止血包扎：出血一般分为内出血和外出血。内出血指器官出血，一般情况比较严重，不易诊断，需要及时去医院救治。外出血指体表出血，在送往医院之前，应先做必要的止血处理。外出血分为毛细血管出血、静脉出血和动脉出血三种。若出血时血液从伤口渗出，血液呈红色，一般为毛细血管出血，通常能自行凝固止血。若血液呈暗红色，缓慢而连续不断地从伤口流出，一般为小静脉出血。此时可以先清洁伤口，贴上创可贴，在远心端用纱布包扎。若血液呈鲜红色，且从伤口喷出或随心跳一股一股地涌出，一般为动脉出血。此时一定要及时在近心端采用加压法止血，并尽快拨打急救电话"120"送医，以免造成患者因失血过多而死亡。

例题讲解

1. 下列日常生活中遇到的问题与采取的措施，对应合理的是（　　　）。

A. 服用处方药——自行购买和使用

B. 心跳、呼吸骤停——及时采用心肺复苏术

C. 静脉出血——按压伤口的近心端止血

D. 遇到巨大声响——张嘴的同时堵住耳朵

答案：B

解释：药品主要包括非处方药和处方药。非处方药是不需要医师处方即可自行判断、购买和使用的药品，简称 OTC。处方药是必须凭执业医师或执业助理医师的处方才可以购买，并按医嘱服用的药物，A 选项错误。面对心跳、呼吸骤停的患者，在打过"120"急救电话之后，应该马上对患者实施心肺复苏术，B 选项正确。用指压止血法抢救静脉出血的伤员时，要压迫伤口的远心端，C 选项错误。当听到巨大声响时，空气震动剧烈导致鼓膜受到的压力突然增大，容易击穿鼓膜。这时张大嘴巴，可以避免振破鼓膜。这是因为咽鼓管连通咽部和鼓室，张大嘴巴可以使咽鼓管张开，保持鼓膜内外大气压的平衡。同样地，闭上嘴巴的同时用双手堵住耳朵，也可以避免因压强突然改变而损伤鼓膜。D 选项错误。

2. 阅读科普短文，回答问题。

心脏骤停会威胁人的生命，而室颤就是可能引发心脏骤停的一个诱因。室颤是指心室壁的心肌快速而微弱的收缩或不协调的快速颤动。及时除颤对挽救生命极其重要，除颤越早，对心脏骤停患者的救助成功率越高，所以有急救"黄金四分钟"的说法。

现实情况下，专业急救人员很难在四分钟内赶到现场，此刻我们可作为临时急救人员，实施紧急救助。在一些城市的地铁车站、大型商场等人员密集的场所都设有自动体外除颤器（AED），如果能正确使用 AED 并结合心肺复苏术（包括胸外按压和人工呼吸，二者交替进行），抢救成功率远高于单独实施心肺复苏。若现场没有AED，仍须持续进行心肺复苏，这是非常必要的。

急救操作和使用 AED 的流程如下。

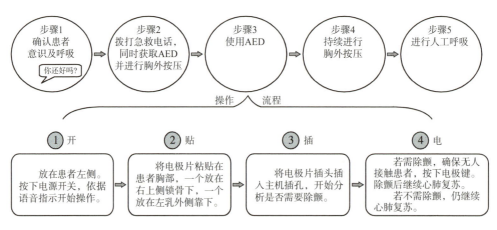

急救设备是挽救生命的利器，北京市正在大力推进所有轨道交通车站 AED 设备全覆盖。每个人都了解急救知识并积极参与急救，才能织就更大的生命保护网。

(1) 根据文中操作方法，使用AED时，两个电极片应分别贴在如图所示的 _____（填序号）位置。无论是否需要 AED 除颤，都需要对患者持续进行 _____。步骤 5 中在人工呼吸前要清除患者口腔异物，目的是 _____。

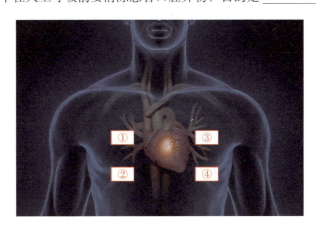

(2) 认识与使用 AED 需要全社会的关注和参与。请提出一条帮助公众了解 AED 知识的可行建议：_____。

答案：(1)①和④　心肺复苏　保持呼吸道畅通 (2) 制作宣传画或电子画报，在学校和社区发布等

解释：(1) 依据急救操作和使用 AED 的流程可知：使用 AED 时，两个电极片应分别贴在图示的①和④位置。无论是否需要 AED 除颤，都需要对患者持续进行心肺复苏。人工呼吸常用于抢救呼吸暂停的患者，做人工呼吸时，如果患者口腔内有泥土、血块等，必须先清除干净，使患者保持呼吸道畅通，然后再进行口对口的吹气。(2) 帮助公众了解 AED 知识的可行建议：制作宣传画或电子画报，在学校和社区发布（合理即可）。

9 分子与细胞

9.1 生物大分子

概念本体 生物大分子

概念释义 单糖是组成多糖的基本单位，氨基酸是组成蛋白质的基本单位，核苷酸是组成核酸的基本单位，这些基本单位称为单体。每个单体都以若干个相连的碳原子组成的碳链为基本骨架。像多糖、蛋白质、核酸这种由许多单体连接成的多聚体叫作生物大分子，生物大分子也以碳链为基本骨架。

概念解读 生物大分子如同超级大的乐高积木，细胞里有很多像小积木一样的小分子（单体）。很多单体可以连接成一种生物大分子，就像很多小积木可以拼成大积木。例如，淀粉（一种多糖）就是由葡萄糖（一种单糖）这种"小积木"拼成的；蛋白质是由氨基酸这种"小积木"拼成的；核酸是由核苷酸这种"小积木"拼成的。积木拼成的大城堡、大汽车都有不同的功能，这些生物大分子在细胞中也有很多不同的重要功能，来帮助身体正常工作。

直链淀粉 支链淀粉

图 9.1-1 淀粉结构示意图（其中每个六边形代表一个葡萄糖分子）

概念应用

多糖、蛋白质、核酸等生物大分子，构成了细胞的基本框架。

生物体内的糖类大多以多糖形式存在。最常见的多糖是淀粉。绿色植物可以通过光合作用合成淀粉，小麦、玉米、水稻的种子，以及马铃薯、甘薯等植物的茎或根中都含有丰富的淀粉。食物中的淀粉在消化道中被水解成葡萄糖，被人和动物吸收后可以用来合成动物多糖——糖原。糖原是人和动物细胞的储能物质。在血液中葡萄糖含量偏低时，肝脏中的糖原可以水解为葡萄糖，及时补充血糖。植物细胞壁的主要成分——纤维素也是多糖，很难被人和动物消化，但能促进肠道蠕动，被称为人类的"第七大营养素"。昆虫外骨骼和甲壳类动物中广泛存在几丁质，几丁质及其衍生物能结合重金属离子，可以用于废水处理，以及制作食品添加剂和食品包装纸，甚至还可用于制造人造皮肤。

组成不同蛋白质的氨基酸单体的种类、数目、排列顺序不同，氨基酸连接成的肽链的盘曲折叠方式不同，以及其形成的空间结构不同，这些都决定了蛋白质功能多种多样。蛋白质在组成动物细胞的有机物中含量最多。

组成核酸的核苷酸种类虽然有限，但其排列顺序极其多样，使得核酸成为携带着细胞遗传信息的生物大分子，在生物的遗传变异中起着非常重要的作用。核酸的提取及其核苷酸序列的比对在案件侦破中有重要作用。

例题讲解

1. 食物中的糖类，有的能直接被细胞吸收，有的必须经过水解才能被吸收。以下糖类中，能被人体细胞直接吸收的是（　　）。

   A. 淀粉　　　　　　B. 糖原　　　　　　C. 纤维素　　　　　　D. 葡萄糖

   答案：D

   解释：人体摄入的物质中，分子较小的物质能被细胞直接吸收，而生物大分子不能直接被细胞吸收，需要先被水解成小分子才能被吸收。淀粉、糖原和纤维素都是多糖，属于生物大分子。而葡萄糖是单糖，分子较小。

2. 以下化合物中，属于生物大分子的是（　　）。

   A. 核酸　　　　　　B. 氨基酸　　　　　　C. 水　　　　　　D. 葡萄糖

   答案：A

   解释：细胞中的生物大分子包括多糖、蛋白质和核酸。氨基酸是组成蛋白质的单体，葡萄糖是组成多种多糖的单体，水是小分子化合物。

9.2　蛋白质

概念本体　蛋白质

概念释义　蛋白质是以氨基酸为基本单位构成的生物大分子。

概念解读　一种蛋白质中的氨基酸残基数目可能成千上万，不同种类的氨基酸在肽链中的排列顺序千变万化，肽链的盘曲折叠方式和形成的空间结构也千差万别，导致蛋白质种类繁多，功能多样，就像超级能干的"变形金刚"。在我们的细胞中，它能变成各种各样的形状，做很多重要的事情。比如，它能变成肌肉里的"弹簧"，让我们有力气跑跳；还能变成血液里的"小船"，发挥运输功能，帮忙运送氧气；也能变成"剪刀"和"胶水"，让生物大分子水解为单体，或者让单体合成为生物大分子，我们把这类蛋白质叫作酶；甚至能变成身体的"小卫士"，帮助我们抵抗病原体的侵害，我们把这种蛋白质称为抗体。蛋白质多种多样的功能，能够维持个体和每个细胞的正常运行。

概念应用

20 世纪初，人们发现胰岛素这种蛋白质能治疗糖尿病。但胰岛素在动物体内含量非常少，无法大量提取。我国多位科学家通力合作，采用"分步合成、最后组装"的策略，先分别合成胰岛素的两条肽链，然后将其合在一起，形成完整的胰岛素分子。关于胰岛素提取的发展史，大家可通过本书 7.7 节了解。

每种蛋白质分子都有与它的功能相适应的结构。如果氨基酸序列或空间结构发生改变，其功能就可能受到影响。比如，人体红细胞呈两面凹的圆盘状，其中有一种含量很高的蛋白质叫作血红蛋白，呈球状，可以运输氧气。但如果血红蛋白中某处的谷氨酸被替换为缬氨酸，很多血红蛋白就会聚集成长杆状，红细胞也会因此扭曲成镰状，极大降低其运输氧气的能力。人体还有很多疾病与细胞内蛋白质结构改变有关，如帕金森病、阿尔茨海默病、囊性纤维化等。

有一些物理或者化学因素会破坏蛋白质的空间结构，使蛋白质的功能改变或者活性丧失，叫作蛋白质变性。比如，肉类、鸡蛋高温煮熟后蛋白质变性，再降低温度也不能恢复原来的状态。高温可以让蛋白质空间结构变松散，更容易被水解，所以吃熟肉、熟鸡蛋更易消化。加热、酸处理、酒精擦拭等都可以引起病毒和细菌的蛋白质变性，从而实现消毒和灭菌的效果。

图 9.2-1 镰状细胞与正常红细胞示意图

例题讲解

1. 人的心肌细胞和红细胞主要成分都是蛋白质，但心肌细胞承担心脏搏动作用，红细胞主要承担运输氧气的作用。两种细胞功能不同的直接原因是二者____不同。

   答案： 蛋白质结构

   解释： 蛋白质的功能由氨基酸种类、数目、排列顺序以及多肽链的折叠盘曲形成的空间结构决定。心肌细胞承担心脏搏动作用，是因为心肌蛋白的结构适合搏动；红细胞运输氧气，是因为血红蛋白的结构适合运输氧气。因此，两种细胞功能不同的直接原因是二者蛋白质结构不同。

2. 下列食物在质量相等时，蛋白质含量最多的是（   ）。

   A. 烧牛肉   B. 烤甘薯   C. 馒头   D. 米饭

   答案： A

   解释： 甘薯、馒头、米饭的主要成分都是淀粉，牛肉的主要成分是蛋白质，结构蛋白是构成肌肉细胞的含量最多的有机物。

9.3　核酸

概念本体　核酸

概念释义　每个核酸分子是由几十个乃至上亿个核苷酸连接成的长链。一个核苷酸分子又包括一分子磷酸、一分子五碳糖、一分子含氮碱基。构成核苷酸的五碳糖可以分为核糖和脱氧核糖，由此核苷酸又可以分为脱氧核苷酸和核糖核苷酸。由脱氧核苷酸组成的核酸是脱氧核糖核酸（DNA），由核糖核苷酸组成的核酸是核糖核酸（RNA）。

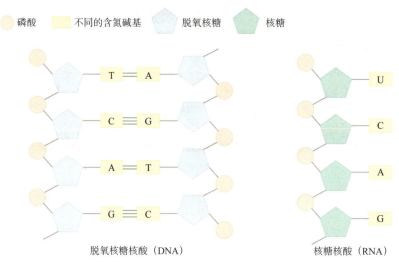

图 9.3-1　核酸平面结构示意图

> **概念解读**　核酸就像一个神奇的"宝盒"，里面藏着很多秘密，这些秘密就是我们的遗传信息。DNA 就像是宝盒里的"蓝图"，它告诉我们身体里的每个部分应该怎么建造，就像建筑师用图纸建房子一样。而 RNA 就像是宝盒里的"信使"，它会把 DNA 里的信息带出去，告诉细胞里的其他部分该怎么做，比如怎么合成蛋白质。

真核细胞的 DNA 主要分布在细胞核中，叶绿体和线粒体中也有少量 DNA。RNA 主要分布于细胞质中。全部真核生物和原核生物及部分病毒的遗传信息储存在 DNA 分子中，而部分病毒（如 HIV 病毒、SARS 病毒等）不含 DNA，其遗传信息储存在 RNA 中。

原核细胞的 DNA 是裸露的环状，主要位于拟核区域；原核细胞也有 RNA，主要分布在细胞质中。

> **概念应用**

核酸在生产和生活中扮演着重要角色。

在医学领域，通过分析个体的 DNA 序列，可以实现疾病的早期诊断并制定个性化治疗方案。人类遗传病致病基因（具有遗传效应的 DNA 序列）的核苷酸序列与正常基因存在差异，因此可以通过基因测序判断是否含有致病基因。核酸检测技术在传染病防控中起到关键作用，快速准确地检测到人体内是否存在病毒 RNA，有助于及时控制传染病的传播。RNA 疫苗也是核酸在医学方面的重要应用，疫苗中依据病原体 DNA 或 RNA，通过体外转录人工合成的 RNA，从而诱导机体产生免疫应答，进而获得对这种病原体的抵抗力。

在农业上，通过基因编辑技术，如 CRISPR-Cas9，对 DNA 的某个特定区域进行修改，科学家就能培育出抗病虫害、耐旱或高产的作物新品种，有效提高农业生产效率。

例题讲解

1. 下列物质中，不是核苷酸组成成分的是（　　）。

   A. 碱基　　　　　　B. 核糖　　　　　　C. 氨基酸　　　　　　D. 磷酸

   答案：C

   解释：一个核苷酸分子包括一分子磷酸、一分子含氮碱基和一分子五碳糖，其中，五碳糖可以是核糖或脱氧核糖。氨基酸是组成蛋白质的基本单位，核苷酸中不含氨基酸。

2. 人们对保健营养食品的关注度日渐升高。有保健品商家在广告中提到：补充核酸产品，可以增强基因的修复能力。请对以上广告语进行评析。

   答案：以上广告语存在误导消费者的现象。人们只要保障日常正常饮食就可以获得足够多的核酸，无须额外补充。人体内不缺乏合成核酸的原料，通过食品形式摄取的核酸也不能直接被人体细胞利用，需要被分解后才能被细胞吸收利用。细胞内的基因修复有复杂的机制，通过食品形式补充核酸不能增强基因修复能力。

9.4　细胞膜

概念本体　细胞膜

概念释义　细胞作为一个基本的生命系统，它的边界叫作细胞膜。

概念解读　关于细胞膜的分子结构模型，人们普遍接受细胞膜的流动镶嵌模型：细胞膜主要由磷脂和蛋白质分子构成。细胞膜的基本支架是磷脂双分子层，磷脂双分子层内部是磷脂分子的疏水端，水溶性的分子和离子无法自由通过。不同蛋白质以不同方式镶嵌在磷脂双分子层中：有的镶在表面，有的部分或全部嵌入，有的贯穿磷脂双分子层。蛋白质在细胞膜的物质运输等方面有重要作用。细胞膜具有流动性，磷脂分子可以侧向自由移动，膜中的蛋白质大多数也可以运动，这对细胞的生长、分裂、运动、物质运输等功能非常重要。

此外，细胞膜的外侧还有糖类分子，它能与细胞膜上的蛋白质分子或脂质结合形成糖蛋白或糖脂，这些糖类分子与细胞表面的识别、细胞间的信息传递功能有关，叫作糖被。

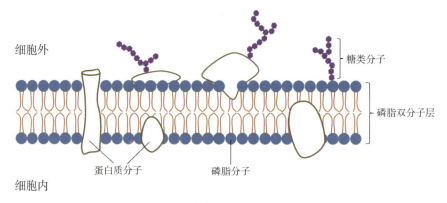

图 9.4-1　细胞膜的分子结构模型示意图

细胞膜在细胞的生命活动中有非常重要的作用。（1）细胞膜如同房屋的墙壁，把细胞里面的结构与外界环境隔开。（2）墙壁上有门，只有有钥匙的人才能进来。细胞膜也一样，它可以控制谁能进出细胞，让细胞需要的营养物质进来，把垃圾和坏东西挡在外面，还能把细胞合成的激素、废物等排出细胞。但细胞膜控制物质进出细胞的能力是有限的，有些病菌能够入侵细胞，使生物患病。（3）多细胞生物的不同细胞间可以通过细胞膜上的糖蛋白等进行信息交流，从而实现功能上的相互协调。

概念应用

细胞膜控制物质进出的功能有很多应用。在医学领域，一些药物要穿过细胞膜进入细胞才能发挥作用。例如，一些抗癌药物能够借助细胞膜上原有的蛋白质，实现自身向细胞内的运输；或者可以将药物用细胞膜包裹，从而使药物更容易被癌细胞摄取。为什么可以用 75% 的酒精杀菌呢？其中一个原因是酒精可以使细胞膜中的蛋白质失活并破坏细胞膜结构，最终使细菌死亡。在农业中，科学家通过研究细胞膜的物质运输机制，发现细胞膜上的某些蛋白质可以提高水稻对养分的吸收，增加水稻产量。

细胞膜在细胞间信息交流中的作用也有广泛的应用。细胞膜上的受体蛋白质可以与特定的分子结合，传递细胞内外的信息。例如，胰岛 B 细胞分泌的胰岛素可以随血液运输，与某些细胞的细胞膜上的受体结合，从而促进这些细胞摄取葡萄糖，这种机制对糖尿病的诊断和治疗非常重要；免疫细胞通过自身细胞膜表面的受体蛋白质来识别"非己"，从而启动免疫反应，这种机制在疫苗开发和免疫治疗中有重要应用；在生殖过程中，精子和卵细胞直接接触，二者细胞膜上的糖蛋白和受体相互作用，才能实现两性生殖细胞的识别和结合；在植物中，相邻细胞的细胞膜间形成通道，称为胞间连丝，可以在两细胞之间传递信号分子和物质，从而帮助植物细胞应对环境变化。

例题讲解

1. 流动镶嵌模型是有关细胞膜结构的模型。该模型中最基本的部分是（　　）。

A. 磷脂双分子层　　B. 膜蛋白　　　　C. 糖蛋白　　　　D. 胆固醇

答案：A

解释：磷脂双分子层是细胞膜的基本支架，是流动镶嵌模型中最关键的部分。

2. 如图所示为将小白鼠细胞和人体细胞融合成杂交细胞的过程，图中的小圆和小三角分别表示小白鼠和人体细胞膜上的蛋白质，该实验证明了细胞膜（　　）。

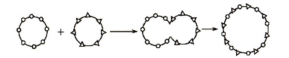

A. 具有一定的流动性　　　　　　　B. 具有选择透性

C. 基本骨架是脂双层　　　　　　　D. 由蛋白质和磷脂分子组成

答案：A

解释：细胞膜的流动性表现在磷脂分子可以侧向自由移动，膜中的蛋白质大多数也可以运动。从图中可以看到，膜上的两种蛋白质从完全分开到相间分布，这体现了细胞膜的流动性。

9.5　细胞器

概念本体　细胞器

概念释义　细胞内部具有一定形态结构和功能的亚结构，包括线粒体、核糖体、内质网、高尔基体、溶酶体、叶绿体、液泡、中心体等，统称细胞器。叶绿体和液泡在光学显微镜下可以分辨，其他细胞器的观察一般需要借助电子显微镜。

概念解读　如果把细胞比作一个工厂，细胞器就像是里面的各种机器和车间，它们分工合作，保障细胞工厂的正常运转。

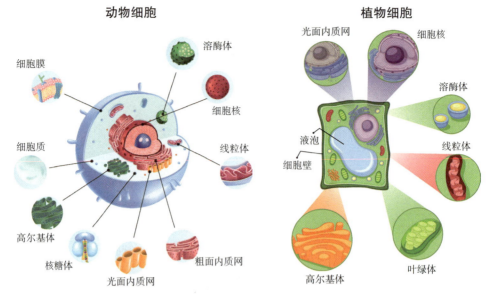

图 9.5-1　动物细胞（左）和植物细胞（右）的亚显微结构示意图

1.线粒体是真核细胞的"发电机"，通过氧化分解有机物，将其中的能量释放出来供给细胞使用。

2.核糖体是专门合成蛋白质的"3D打印机"，可以按照输入的程序（特定的RNA序列）将氨基酸拼接为细胞需要的特定蛋白质，核糖体是唯一能合成蛋白质的细胞器。

3.内质网是很多大分子物质的"合成加工车间"和"传送带"。表面有核糖体附着的内质网叫作粗面内质网，可以加工、运输核糖体合成的蛋白质；表面没有核糖体的内质网叫作光面内质网，可以合成脂质。

4.高尔基体是"包装车间"，可以将来自内质网的蛋白质进一步加工、分类并运输到相应的目的地。高尔基体还可以合成构成植物细胞壁的多糖，在植物细胞分裂时，两个新细胞交接处附近有很多高尔基体聚集。

5.溶酶体是"垃圾回收车间"，它有很多水解酶作为工具，用这些工具可以分解和清除细胞中的垃圾，如衰老、损伤的各种细胞器，侵入细胞的病菌等，分解后的小分子产物可能会被细胞重新利用。

6.叶绿体是植物细胞的"养料制造车间"和"光能发电站"，仅存在于植物绿色部分的细胞中。它可以利用光能，将二氧化碳和水合成为储存着大量化学能的有机物。

7.液泡像"仓库"，主要存在于植物细胞中，为细胞储存很多物质。例如，它可以储存水分，让细胞保持饱满状态；它还可以储存糖类、无机盐、蛋白质、色素等，调节细胞内的环境。

8. 中心体（上页图中未标出）存在于动物和低等植物的细胞中，在细胞分裂时承担"建筑师"工作，它会发出很多像绳子一样的微管来牵引染色体正确排列和移动，从而保障细胞能正确分裂，遗传物质能平均分配。

概念应用

线粒体功能障碍是阿尔茨海默病（AD）的早期病理特征，在 AD 的发展中起着重要作用，主要通过以下几种机制影响疾病进程：（1）线粒体功能障碍会导致活性氧水平升高，从而损伤细胞内 DNA、蛋白质、脂质等，最终导致细胞功能障碍及神经元死亡；（2）线粒体功能障碍导致能量代谢不足，会进一步加剧神经退行性病变；（3）AD 患者大脑中，线粒体形态及分布发生显著变化，这与认知功能下降密切相关；（4）AD 的病理特征之一是 β- 淀粉样蛋白沉积和 Tau 蛋白异常磷酸化，β- 淀粉样蛋白可进入线粒体，破坏其功能，Tau 蛋白的异常磷酸化会进一步导致线粒体功能障碍；（5）线粒体自噬是清除损伤线粒体的重要机制，在 AD 患者体内，线粒体自噬受损导致损伤线粒体积累，进一步加重细胞的氧化应激和能量代谢异常。因此，靶向线粒体功能的治疗策略有望成为未来 AD 治疗的新方向，目前已有多种针对线粒体功能障碍的治疗策略正处于临床试验阶段。

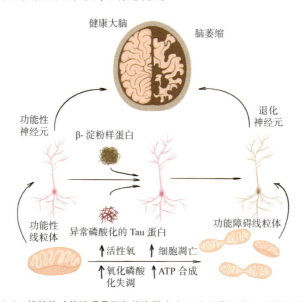

图 9.5-2　线粒体功能障碍是阿尔茨海默病（AD）早期细胞死亡的关键因素

例题讲解

1. 唾液腺细胞中合成淀粉酶的细胞器是（ ）。

    A.线粒体   B.核糖体   C.内质网   D.高尔基体

    答案：B

    解释：淀粉酶属于蛋白质，核糖体是唯一能合成蛋白质的细胞器。线粒体可以为淀粉酶的合成提供能量，内质网、高尔基体可以对淀粉酶进行加工和运输。

2. 某同学想观察叶绿体，应该用（ ）。

    A.洋葱根尖分生区   B.洋葱鳞片叶内表皮

    C.菠菜叶肉   D.花生种子

    答案：C

    解释：叶绿体不是存在于所有植物细胞中，而是仅存在于植物的绿色部分，菠菜叶肉细胞含大量叶绿体。植物埋在土壤中的根部、洋葱鳞片叶内表皮、花生种子都不含叶绿体。

9.6   被动运输

概念本体   被动运输

概念释义   物质以扩散方式进出细胞，不需要消耗细胞内化学反应所释放的能量，这种物质跨膜运输方式称为被动运输。

概念解读   什么是扩散？玩滑梯时，你坐在滑梯的高处，不用别人推就可以顺着滑梯滑下来。扩散就类似于这种物体从高处向低处的自然移动，无须外力推动，当物质在不同区域存在浓度差时，就会从浓度高的地方向浓度低的地方扩散。例如，一块冰糖被放到一杯水中，会慢慢地化开让整杯水变甜，这是因为糖分子从糖块里（糖分子浓度高的地方）顺着浓度差自动地扩散到了水分子之间（糖分子浓度低的地方）。当某些物质在细胞内和细胞外存在浓度差时，它也可能以扩散方式进出细胞，这就是被动运输。被动运输可分为自由扩散和协助扩散。

    有些物质，如氧、二氧化碳、甘油、乙醇、苯等，因为分子量小、不带电荷或没有极性等特点，能自由地通过细胞膜的磷脂双分子层，从这种物质浓度高的一侧运向其浓度低的一侧。这种物质通过简单的扩散作用进出细胞的方式叫作自由扩散。例如，吸气时肺泡腔中的氧浓度高于肺泡细胞内的氧浓度，氧就可以通过自由扩散进入肺泡细胞内。水也能发生自由扩散，如果将红细胞放到清水中，红细胞会吸水涨破，原因就是水分子会从溶液浓度低的清水自由扩散至溶液浓度高的细胞内，使细胞内液体体积增大，导致细胞膜涨破。

带电离子和葡萄糖、氨基酸等相对较大的极性分子不能自由通过细胞膜，但细胞膜上有一些特殊蛋白质，能协助这些物质实现从高浓度向低浓度方向的运输，这些蛋白质被称为转运蛋白。这种需要借助转运蛋白进出细胞的方式叫作协助扩散。转运蛋白有两种：载体蛋白和通道蛋白。载体蛋白像带人脸识别的"旋转门"，如果葡萄糖要进入细胞，它就需要找到能识别出葡萄糖的专门的载体蛋白，这个蛋白会携带着葡萄糖，通过改变自身结构，将葡萄糖从细胞外运输到细胞内。通道蛋白则像一个"隧道"，只要是特定大小和形状的分子或离子，都可以直接通过，而且运输速度更快，就像很多小车快速通过隧道一样。在细胞膜上，水分子更多是通过水通道蛋白快速进出细胞的。

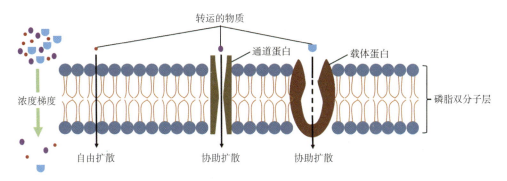

图 9.6-1 被动运输示意图

🔴 **概念应用**

植物主要通过根毛细胞吸收土壤中的水分，就是利用被动运输的原理。当土壤中水分含量较高而植物细胞内水分相对较少时，水分会从土壤通过被动运输进入根毛细胞。但如果施肥过多使得土壤溶液浓度高于细胞内溶液浓度，则水会从根毛细胞流向土壤，导致细胞失水，从而出现"烧根"现象。

制作腌黄瓜等咸菜时，也会利用被动运输原理。将鲜黄瓜切条后放入高浓度盐溶液中，由于细胞外盐浓度远高于细胞内，细胞内水分会通过被动运输从细胞内流向细胞外，使细胞失水，从而抑制微生物的生长繁殖，以达到延长食品保质期的目的。

生病输液时，往往会输入 0.9% 的生理盐水而不是蒸馏水，这是因为生理盐水的浓度与人体细胞所生活的液体环境浓度相等，此时细胞内外水分子进出细胞的速率处于动态平衡，细胞能够维持正常形态和功能。

例题讲解

1. 人工磷脂双层膜两侧存在钾离子浓度差，但钾离子不能透过。如果在人工膜中加入少量缬氨霉素，钾离子就可以从高浓度一侧通过膜到达低浓度一侧，但其他离子不能通过。由此可推测缬氨霉素的作用是（　　）。
   A. 破坏人工膜的结构　　　　　　　B. 提供能量
   C. 是钾离子转运蛋白　　　　　　　D. 提供钾离子转运蛋白和能量

   答案：C
   解释：加入缬氨霉素后，钾离子可跨膜运输，其他离子不能，说明缬氨霉素并没有破坏人工膜的结构，否则会出现全透性，A 选项错误。钾离子是顺浓度梯度运输，这属于被动运输，不需要消耗细胞内化学反应所释放的能量，B、D 选项错误。人工膜不含蛋白质，钾离子无法被动运输，加入缬氨霉素后钾离子可以被动运输，说明缬氨霉素的作用应该是钾离子被动运输的转运蛋白，C 选项正确。

2. 医生给脱水病人输液用生理盐水而不用蒸馏水的原因是（　　）。
   A. 红细胞在蒸馏水中会失水皱缩，无法维持形态稳定
   B. 生理盐水浓度与血浆浓度接近，红细胞能维持形态稳定
   C. 蒸馏水中缺少无机盐离子，无法为细胞提供能量
   D. 生理盐水能为病人提供有机物，而蒸馏水不能

   答案：B
   解释：红细胞在蒸馏水中会吸水膨胀，A 选项错误；无机盐离子本身就无法为细胞提供能量，动物细胞的能量来自线粒体分解有机物，将其中的化学能释放出来，C 选项错误；生理盐水中不含有机物，D 选项错误。

9.7　主动运输

概念本体　主动运输

概念释义　物质逆浓度梯度进行跨膜运输，需要载体蛋白的协助，同时还需要消耗细胞内化学反应所释放的能量，这种方式叫作主动运输。

概念解读　动植物细胞都有很多物质的跨膜运输是逆浓度梯度的，例如小肠上皮细胞需要从小肠液中吸收葡萄糖、氨基酸，但小肠液中的葡萄糖和氨基酸浓度远低

于小肠上皮细胞，此时就需要进行主动运输。

主动运输就像你放学回家，虽然有家门钥匙，但因为逆风（细胞内外有阻碍物质运输的力量），推开门的过程就要额外消耗很多力气（细胞需要额外消耗能量）。各种物质在主动运输时，需要先与细胞膜上的载体蛋白进行特异性结合，通常一种载体蛋白只能与一种或一类分子或离子结合。二者结合后，在细胞内化学反应释放的能量推动下，载体蛋白空间结构发生变化，使得与之结合的分子或离子释放到膜的另一侧，之后载体蛋白的结构恢复原状，又可以开始新一轮的运输。

主动运输能保证细胞对营养物质的摄取，参与代谢废物的排出。细胞通过主动运输还可以维持细胞内的离子平衡。例如，动物细胞中有一种主动运输的载体蛋白叫作钠钾泵，钠钾泵工作时，通过消耗一定能量，每次可将 3 个钠离子运出细胞，将 2 个钾离子运入细胞，从而维持细胞内高钾低钠的离子环境，这对肌肉收缩、神经信号的传导等生理过程至关重要。

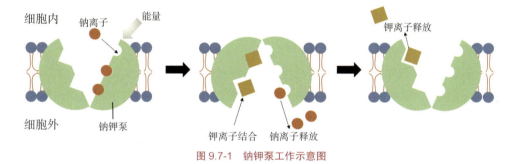

图 9.7-1　钠钾泵工作示意图

概念应用

正常情况下，呼吸道表面有薄薄的黏液层，由水分及多种分子、离子组成，具有湿润呼吸道、黏附异物的作用。

正常人的呼吸道上皮细胞膜上有一种转运氯离子的载体蛋白，叫作 CFTR，上皮细胞中的氯离子可通过主动运输由 CFTR 运出到呼吸道黏液中。有人的 CFTR 蛋白异常，无法正常转运氯离子，使得氯离子在上皮细胞内积聚，细胞内氯离子浓度升高。为维持离子平衡，细胞会将更多钠离子和水分重吸收到细胞内，导致细胞外的黏液变得黏稠、干燥，难以被纤毛清除。这种黏稠的黏液会阻塞呼吸道，为细菌等微生物提供良好的生存环境，因此容易引发呼吸道反复感染，进而导致肺部组织损伤，出现咳嗽、呼吸困难等症状，这种疾病被称为囊性纤维化。

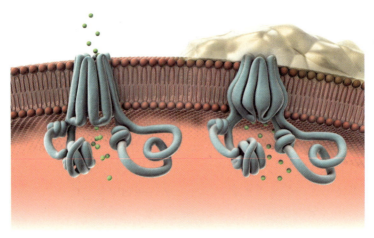

图 9.7-2 正常人（左）和囊性纤维化患者（右）的物质跨膜运输示意图

在消化系统中，胰腺分泌的消化液也会因为 CFTR 载体蛋白的功能异常而变得黏稠，有可能阻塞胰管，进而影响消化液的正常排出，导致食物消化和营养吸收出现障碍。

针对 CFTR 载体蛋白异常这一病因，囊性纤维化的一种重要治疗药物是 CFTR 调节剂，它可以恢复 CFTR 的功能，调节氯离子转运，进而改善细胞功能和黏液分泌。

例题讲解

1. 如图所示为小肠绒毛上皮细胞对不同物质的转运，下列叙述正确的是（   ）。

A. a 物质可能是氧气，b 物质可能是葡萄糖

B. a 物质可能是水，b 物质可能是甘油

C. a 物质可能是胆固醇，b 物质可能是氧气

D. a 物质可能是葡萄糖，b 物质可能是氨基酸

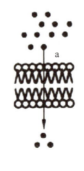
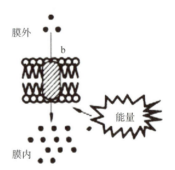

答案：A

解释：由图可知，a 物质顺浓度梯度运输，不需要转运蛋白，属于自由扩散；b 物质在载体蛋白协助下，消耗能量逆浓度梯度运输，属于主动运输。氧气、甘油、水、胆固醇都可通过自由扩散进行跨膜运输；葡萄糖、氨基酸进入小肠绒毛细胞则是主动运输。

2. 糖醋蒜在腌制过程中慢慢变甜，_____（填“是”或“不是”）细胞通过主动运输吸
   收糖分的结果。

   答案： 不是

   解释： 在腌制糖醋蒜的过程中，醋酸破坏了细胞膜的结构，高浓度糖分使细胞过度失水而
   死亡，二者结合使细胞膜失去了选择透过性变为全透性，此时糖分进入死细胞内，不属于
   主动运输。

9.8 胞吞与胞吐

概念本体 胞吞与胞吐

概念释义 当细胞摄取大分子时，大分子首先与膜上的蛋白质结合，引起这部分
细胞膜内陷形成小囊，将大分子包裹在内。然后小囊从细胞膜上脱离下来进入细胞
内部，形成囊泡，这个现象叫作胞吞。当细胞需要外排大分子时，先在细胞内形成
囊泡包裹大分子，然后囊泡移动到细胞膜处与膜融合，大分子被排出细胞，这个现
象叫作胞吐。

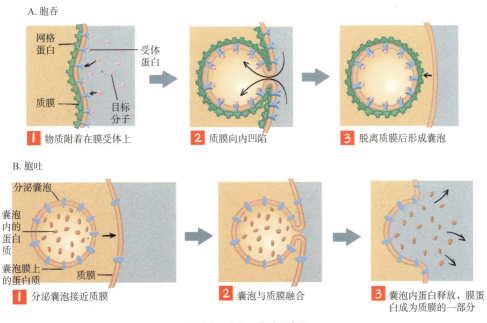

图 9.8-1 胞吞、胞吐示意图

概念解读 离子和小分子可以通过被动运输和主动运输穿过细胞膜，但多糖、蛋白质等生物大分子无法通过转运蛋白的运输进出细胞。然而，大部分细胞需要摄入或排出特定的大分子，比如变形虫等单细胞生物需要摄取较大的食物，胰岛 B 细胞需要分泌胰岛素到细胞外，唾液腺细胞需要将唾液淀粉酶排出到细胞外，这些大分子进出细胞就需要通过胞吞和胞吐。胞吞和胞吐都需要膜上蛋白质的参与，也需要消耗细胞内化学反应释放的能量，同时依赖于细胞膜的流动性。

概念应用

　　痢疾内变形虫，又称溶组织内阿米巴，是一种会引发阿米巴痢疾的单细胞生物。它会随污染的食物或水进入人体，寄生在肠道内，通过胞吞以肠壁组织细胞、细菌及肠道内容物为食。痢疾内变形虫可以通过伪足的机械运动和分泌的多种水解酶，侵入肠黏膜，溶解、破坏肠组织，形成溃疡。在一定条件下，它可以随粪便排出体外，又可以感染新的宿主。

　　痢疾内变形虫呈世界性分布，常见于卫生条件较差的地区，其流行与水源污染、卫生习惯不良、人口密集等因素有关。

　　为预防阿米巴痢疾，应加强卫生宣传教育，养成良好的个人卫生习惯；加强粪便管理和水源保护，防止粪便污染水源和食物。

例题讲解

1. 胃蛋白酶原运出细胞的方式属于（　　　）。

　　A. 胞吐　　　　　　B. 自由扩散　　　　　C. 协助扩散　　　　D. 被动运输

　　答案：A

　　解释：胃蛋白酶原属于生物大分子，其运出细胞要通过胞吐。

2. 下图是某种物质跨膜运输的示意图，以下说法错误的是（　　　）。

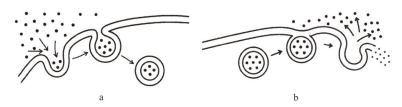

a　　　　　　　　　　　　　　　　b

　　A. 图 a 过程可以发生在细胞膜处

　　B. 图 b 过程运输的物质可以是蛋白质等大分子

　　C. 图 a 过程不需要膜上蛋白质的参与

D. 图 b 过程依赖于细胞膜的流动性

答案：C

解释：如果这两个过程都发生在细胞膜处，则 a 为胞吞，b 为胞吐，A 选项正确；蛋白质等大分子运出细胞依赖于胞吐，B 选项正确；胞吞和胞吐都需要膜上蛋白质的参与，C 选项错误；胞吞和胞吐都依赖于细胞膜的流动性，D 选项正确。

9.9 酶

概念本体 酶

概念释义 酶是一类由活细胞产生的具有催化作用的有机物，大多数酶是蛋白质，少数酶是 RNA。

概念解读 什么是催化作用？如果把化学反应想象成一场艰难的登山之旅，反应物要从山的一边到达山的另一边变成生成物，那么这座山的高度就代表这个反应进行所需克服的能量障碍，也就是活化能。在没有催化剂参与的情况下，反应物就像一群没有任何辅助工具的登山者，它们需要努力攀爬，耗费大量能量和时间，可能只有少数"体力好"的反应物能成功翻越山峰，完成反应。而催化剂就像穿山隧道，反应物能通过隧道更轻松、更快速地到达山的另一边，进而转变成生成物。在这个过程前后，催化剂本身的性质不发生改变，就像隧道不会因人们的使用而消失，它的催化作用只是帮助反应更快进行，自己在反应结束后还能保持原状，继续帮助下一批反应物。

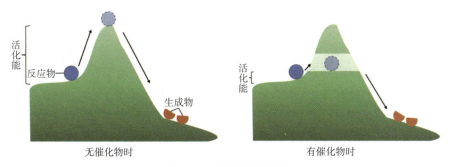

图 9.9-1 催化作用示意图

酶具有以下特点。（1）专一性。酶对其作用的底物有严格选择性，每种酶只作用于特定的一种或一类底物，比如淀粉酶只作用于淀粉。（2）高效性。酶作为生物催化剂，能显著降低化学反应的活化能，其催化效率比一般的化学催化剂高得多，比如同样催化过氧化氢分解，过氧化氢酶催化分解的速度比无机催化剂铁离子快 10^9 倍以上。（3）酶催化反应一般在较温和的条件下进行，如常温、常压、近中性的 pH 值等，这与生物体内条件相适应，避免了高温、高压、强酸、强碱等剧烈条件对生物大分子和细胞结构的破坏。

概念应用

酶在生产、生活的多个领域都有广泛应用，在食品工业中，酶可用于生产多种风味的食品。例如，在啤酒生产过程中，α-淀粉酶和糖化酶就发挥着重要作用，α-淀粉酶能将淀粉分解为糊精和低聚糖，糖化酶再进一步将这些产物转化为葡萄糖，为酵母发酵提供糖分。在医疗领域，酶可用于疾病诊断、治疗和药物合成。例如，当人发生心肌梗死时，血液中的肌酸激酶、乳酸脱氢酶等酶的活性会显著升高，通过检测血液中这些酶的含量，可辅助诊断心肌梗死等疾病。在环保方面，酶可用于废水处理和土壤修复。例如，脂肪酶、蛋白酶等可分解废水中的油脂、蛋白质等有机污染物，帮助废水达到排放标准。

表 9.9-1　某心肌梗死患者的检验报告单

项目名称	结果	单位	提示	参考范围
1 肌酸激酶-MB 同工酶	>100	ng/mL	↑	0～5
2 肌钙蛋白	>50	ng/mL	↑	0～0.3
3 血清肌红蛋白	328.02	ng/mL	↑	0～58
4 谷草氨基转激酶	140.0	U/L	↑	8～40
5 乳酸脱氢酶	453.0	U/L	↑	109～245
6 肌酸激酶	1260.0	U/L	↑	38～174

为什么我们有时吃菠萝后嘴巴会疼呢？这是因为菠萝含有菠萝蛋白酶，当我们吃菠萝时，菠萝蛋白酶会与口腔黏膜和舌头上的蛋白质发生作用，使这些部位的蛋白质分解，破坏口腔黏膜，所以才会产生刺痛感。为解决这个问题，我们经常会将菠萝用盐水浸泡一段时间再食用，这是因为盐水能在一定程度上抑制菠萝蛋白酶的活性。

例题讲解

1. 嫩肉粉可将肌肉组织部分水解，使肉类食品口感松软、嫩而不韧。嫩肉粉中使肉质变嫩的主要成分是（　　）。

　A. 淀粉酶　　　　B. DNA 酶　　　　C. 蛋白酶　　　　D. 脂肪酶

答案：C

解释：肌肉组织中的主要成分是蛋白质，酶具有专一性，嫩肉粉能部分水解肌肉组织，因此应该是蛋白酶。

2. 下面对酶的叙述中正确的是（　　）。

　A. 所有酶都是蛋白质　　　　　　B. 生化反应前后酶的性质发生改变

　C. 酶一般在温和的条件下发挥作用　　D. 蔗糖酶和淀粉酶都能催化淀粉水解

答案：C

解释：大部分酶是蛋白质，少部分是 RNA，A 选项错误；生化反应前后酶的性质不发生改变，B 选项错误；酶有专一性，蔗糖酶不催化淀粉水解，D 选项错误。

9.10　ATP

概念本体　ATP

概念释义　ATP（Adenosine Triphosphate，腺苷三磷酸）是细胞生命活动的直接能源物质。

概念解读　萤火虫发光、生物大分子的合成、主动运输、肌肉收缩等过程都需要消耗能量，这些能量就是由 ATP 提供的。ATP 的分子结构可以简单表示为 A-P~P~P，A 代表腺苷，P 代表磷酸基团，~ 代表一种储存能量高且不稳定的化学键。ATP 的功能主要通过水解反应实现，如图所示，在酶的催化下，ATP 分子中远离腺苷的磷酸基团会脱离下来变为磷酸（Pi），ATP 转化为 ADP（腺苷二磷酸），这个过程会释放能量，1 摩尔 ATP 水解能释放高达 30.54

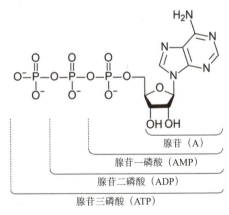

图 9.10-1　ATP 的分子结构

kJ 的能量。相反，当细胞内有能量产生时，ADP 又可以与 Pi 结合，在特定酶的催化下重新形成 ATP，储存能量。对细胞来说，ATP 和 ADP 之间的相互转化时刻都在发生。ADP 转化成 ATP 时所需能量来自哪里呢？对绿色植物来讲，可以来自光合作用吸收的光能，也可以来自呼吸作用分解有机物释放的能量；而对动物、真菌和大部分细菌来说，都来自呼吸作用释放的能量，还有一小部分细菌可以通过化能合成作用等方式获得能量。

细胞中的糖类、脂肪等有机物都储存着大量化学能，但为什么ATP是直接能源物质呢？我们可以把糖类、脂肪等比作大额货币，而ATP是随时可以花的零钱，零钱使用起来十分方便，能迅速完成交易，不需要复杂的找零或支付流程。因此，利用ATP作为直接能源物质比分解糖类、脂肪等大分子物质要更加便捷，能快速为细胞的各项生命活动提供能量。

概念应用

进行性肌萎缩是一种肌肉逐渐变弱和萎缩的疾病，目前的治疗方法主要是通过药物（三磷酸腺苷二钠片）及康复训练等手段来缓解症状。ATP能够为肌肉收缩提供能量，为进行性肌萎缩患者补充ATP，可以帮助患者增强肌肉力量和耐力；ATP还能增强乙酰胆碱在神经肌肉接头的释放（一种胞吐现象，耗能），促进神经信号向肌肉传递，从而提高肌肉收缩力。

心血管系统的正常功能高度依赖于充足的ATP供应。研究ATP在心肌细胞能量代谢中的精细调控机制，以及在心肌缺血、缺氧等病理状态下ATP代谢的变化规律，有助于深入理解冠心病、心力衰竭等心血管疾病的发病根源，为开发更有效的治疗策略奠定基础。

例题讲解

1. ATP之所以能作为能量的直接来源是因为（　　　）。

　　A. ATP在细胞中数量非常多

　　B. ATP中有储存能量高且很不稳定的化学键

　　C. ATP中的化学键都很稳定

　　D. ATP是生物体内唯一可以释放能量的化合物

答案： B

解释： 因为ATP和ADP的转化快速、高效，因此细胞内ATP含量相对稳定并且含量极少，A选项错误；ATP中有两个磷酸键储存能量高且很不稳定，B选项正确，C选项错误；生物体内很多化合物如糖类、脂肪等分解时都可以释放能量，D选项错误。

2. 30个腺苷和60个磷酸最多能组成＿＿＿个ATP。

答案： 20

解释： 1个ATP由1个腺苷和3个磷酸组成，30个腺苷最多组成30个ATP，但60个磷酸最多组成20个ATP，因此30个腺苷和60个磷酸最多能组成20个ATP。

9.11 细胞周期

概念本体 细胞周期

概念释义 连续分裂的细胞，从一次分裂完成时开始，到下一次分裂完成时为止，为一个细胞周期。一个完整的细胞周期包括分裂间期和分裂期。不同生物、不同细胞的细胞周期长短不同。

表 9.11-1 几种细胞的细胞周期

细胞类型	细胞周期
蛙早期胚胎细胞	30 分钟
酵母细胞	1.5~3 小时
小肠上皮细胞	约 12 小时
培养基中的哺乳动物成纤维细胞	约 20 小时
人类肝细胞	约 1 年

概念解读 细胞周期就像你和小伙伴一起参加接力赛，比赛分为几个阶段，每个阶段都有不同的任务，只有完成一个阶段的任务后，才能进入下一阶段。细胞周期也是这样，我们可以把它分成几个阶段。

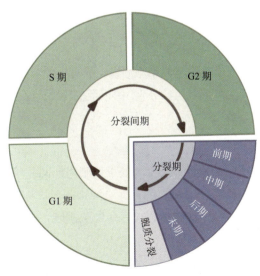

图 9.11-1 细胞周期示意图

从细胞一次分裂结束到下一次分裂前，是分裂间期。细胞周期的大部分时间处在分裂间期。分裂间期可分为 3 个阶段。（1）G1 期，这是细胞周期的第一阶段，在这个阶段，细胞会进行生长，并合成各种蛋白质和 RNA，为接下来的 DNA 复制做准备。细胞会检查自己是否已做好进入下一阶段的准备，如果尚未准备好，就会停留在这个阶段，等待合适时机。（2）S 期，这是细胞周期的关键阶段，在这个阶段，细胞会复制自己的 DNA，这样细胞分裂后，两个新细胞就能各自拥有一份完整的遗传信息。（3）G2 期，在这个阶段，细胞会继续生长，合成一些分裂过程中需要的蛋白质，为接下来的细胞分裂做最后的准备。细胞还会检查 DNA 是否正确复制，如果有错误，会在这个阶段进行修复。

细胞周期的最后一个阶段是分裂期（M 期），这个阶段像接力赛的"终点冲刺"，在这个阶段，细胞会依次进行如图 9.11-2 所示的有丝分裂（前期、中期、后期、末期）和胞质分裂，把复制好的 DNA 平均分配到两个新细胞中。

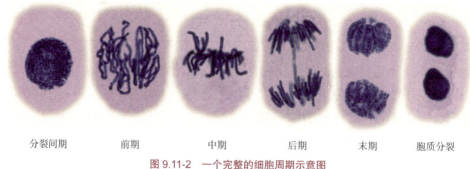

| 分裂间期 | 前期 | 中期 | 后期 | 末期 | 胞质分裂 |

图 9.11-2　一个完整的细胞周期示意图

不过要注意，并非所有细胞都有细胞周期，只有连续分裂的细胞具有细胞周期，例如，植物的根尖、芽尖、形成层的分生组织细胞，以及动物的干细胞、胚胎细胞、癌细胞等。

概念应用

细胞周期同步化是一种使群体的细胞处于细胞周期同一阶段的技术手段。细胞周期同步化的方法有很多种，比如采用 DNA 合成抑制剂，将细胞阻断在 S 期；利用某些药物，如秋水仙素来抑制纺锤体合成，使细胞不能正常进入分裂后期，从而将细胞阻断在分裂中期。

细胞周期同步化在细胞生物学研究和生物技术应用中具有重要价值：（1）用于细胞周期调控机制研究，通过对同步化细胞在不同时间点的分析，可准确了解细胞周期中的基因表达、蛋白质合成、信号转导等过程的变化规律；（2）在药物研发过程中，使用同步化细胞可以更准确地评估药物在细胞周期不同阶段的作用效果和毒性，为筛选和开发更有效的抗癌药物等提供依据。

例题讲解

科学家记录了某种植物根尖分生区细胞的细胞周期，数据如下：

由图可知，这种植物根尖细胞分裂时，细胞周期的时间为_____，分裂间期的时间为_____。

答案：13.5 小时　11 小时

解释：由图可知分裂期时间为 2.5 小时，分裂间期时间为 13.5−2.5=11 小时。细胞周期长度＝分裂间期时长＋分裂期时长，为 13.5 小时。

10 遗传与变异

10.1 显性与隐性

概念本体 显性与隐性

概念释义 具有相对性状的两个纯合亲本杂交时，子一代中显现出来的性状，叫作显性性状；未显现出来的性状，叫作隐性性状。控制显性性状的基因叫作显性基因，用大写字母表示；控制隐性性状的基因叫作隐性基因，用小写字母表示。

概念解读 性状是指生物体的形态结构、生理特征和行为方式。相对性状是指同种生物同一性状的不同表现形式，比如人的双眼皮和单眼皮就是一对相对性状。

显性性状是相对性状中更"厉害"的角色。在生物体的基因中，有些基因比较"强势"，它们能让自己的特征表现出来。比如，人的双眼皮就是一个显性性状。当一个人的基因里有双眼皮的基因时，不管同时有没有单眼皮的基因，他都可能表现出双眼皮的特征。双眼皮基因是"大嗓门"，只要有它在，它就会大声喊出自己的特征，让人看到。

隐性性状就比较"害羞"。只有在没有显性性状"抢风头"的时候，它们才会表现出来。比如，单眼皮就是一个隐性性状。如果一个人的基因里只有单眼皮基因，没有双眼皮基因，那他就会表现出单眼皮。但如果他同时有双眼皮基因和单眼皮基因，双眼皮基因就会"抢风头"，单眼皮性状就表现不出来。

假设我们用大写字母"D"表示双眼皮基因，小写字母"d"表示单眼皮基因。一个人的基因组合有三种情况。（1）DD：双眼皮基因 + 双眼皮基因，这个人肯定是双眼皮。（2）Dd：双眼皮基因 + 单眼皮基因，因为双眼皮基因"强势"，所以这个人还是双眼皮。（3）dd：单眼皮基因 + 单眼皮基因，没有双眼皮基因"抢风头"，所以这个人是单眼皮。

概念应用

白化病是一种遗传病，白化病患者的皮肤、头发和眼睛颜色比正常人浅很多，这是因为他们的基因出现了问题，导致身体不能制造"黑色素"。白化病是一种"隐性遗传病"，这意味着需要同时有两个"坏基因"（隐性致病基因）才会发病。

　　我们可以用简单的字母表示基因：A——正常基因（能制造黑色素），a——"坏基因"（不能制造黑色素）。每个人都有两个基因，一个来自爸爸，另一个来自妈妈。如果爸爸妈妈的基因组成都是 AA，那么孩子的基因组成一定是 AA，不会得白化病；如果爸爸和妈妈的基因组成分别是 AA 和 Aa，那么孩子的基因组成可能是 AA 或 Aa，孩子看起来就是正常的，但可能会携带一个"坏基因"；如果爸爸和妈妈的基因组成都是 Aa，那么孩子的基因可能是 AA、Aa、aa，如果是 aa，则孩子就是白化病患者。

图 10.1-1　白化病男孩

　　因此，通过显性和隐性基因的遗传规律，我们可以进行遗传病的判断和预防。如果一个家族中曾经有过某种隐性遗传病患者，其后代携带该致病基因的可能性就会增加。近亲结婚会使父母都带有一个"坏基因"的机会增加，从而导致隐性遗传病的发病率升高。因此，禁止近亲结婚可以有效降低隐性遗传病的发病率。

例题讲解

1. 当一对基因中一个是显性基因，另一个是隐性基因时，生物会表现出（　　）。

　　A. 显性性状　　　　　B. 隐性性状　　　　　C. 中间性状　　　　　D. 都有可能

　　答案： A

　　解释： 只要有显性基因存在，就会表现出显性性状，A 选项正确。

2. 两只白色绵羊交配后，生了一白一黑两只小绵羊。如果用 A 表示显性基因，a 表示隐性基因，那么所生小黑绵羊的基因组成是（　　）。

　　A. AA 或 Aa　　　　　B. AA　　　　　C. Aa　　　　　D. aa

　　答案： D

　　解释： 两只白色绵羊交配，后代有白有黑。如果白色是隐性性状，则后代应该都是白色绵羊，不符合题意，所以白色应该是显性性状，黑色是隐性性状，所以黑绵羊的基因组成是 aa。

10.2　生殖细胞

生殖细胞

生殖细胞是多细胞生物体内能繁殖后代的细胞的总称，包括从原始生殖细胞直到最终已分化的生殖细胞（精子和卵细胞）。

我们每个人都是从一个小小的被称为受精卵的细胞开始长大的，这个细胞就是由爸爸妈妈的生殖细胞结合产生的。对于我们人类来说，生殖细胞有两种。(1) 精子：男性的生殖细胞，它长得很特别，像一个小蝌蚪，有大大的脑袋和长长的尾巴。精子很小，要用显微镜才能观察到。男性的身体里有一个专门的器官叫睾丸，睾丸就是生产精子的"工厂"，每天都会产生很多精子。(2) 卵细胞：女性的生殖细胞，它比精子要大很多，是人体内最大的细胞，看起来像一个圆圆的球。女性的身体里有卵巢，卵巢就是产生卵细胞的地方。女性出生的时候，卵巢里就已经有很多未成熟的卵细胞，从青春期开始，卵巢通常每个月会排出一个成熟的卵细胞。

当精子和卵细胞在妈妈的输卵管中相遇后，它们就可能会结合成一个新的细胞——受精卵，这个新细胞就像一颗神奇的种子，会在妈妈的肚子里慢慢长大，最后变成小宝宝。

不只是人类有生殖细胞，很多动物和植物也都有生殖细胞。比如豌豆，它的花粉里就有精细胞，这就是豌豆的雄性生殖细胞；而豌豆雌蕊里

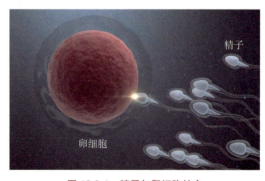

图 10.2-1　精子与卵细胞结合

的胚珠里面有卵细胞，这是豌豆的雌性生殖细胞。花粉落到雌蕊上并萌发后形成花粉管，精细胞通过花粉管进入胚珠与卵细胞结合，然后豌豆就会结出种子，种子又能长成新的豌豆植株。

不孕不育给很多家庭带来了困扰，辅助生殖技术是通过医学手段帮助不孕夫妇实现生育的技术。它主要包括两种方法：人工授精和试管婴儿技术。

如果爸爸的精子数量少、活力差，精子很难自己穿过妈妈的生殖道找到卵细胞，此时医生就会用一种特殊方法将精子直接送到妈妈的生殖道中，使精子更容易找到

卵细胞，这就是人工授精。

　　试管婴儿技术，顾名思义就是"让精子与卵细胞在试管中结合成受精卵"。医生会从妈妈的卵巢中取出卵细胞，再获得爸爸的精子，然后将精子和卵细胞放在实验室的"试管"中，让它们在那里结合。待受精卵发育成小胚胎后，再把它放回妈妈的子宫中继续生长。试管婴儿技术通常分为三代：第一代主要帮助输卵管堵塞、有排卵障碍的夫妻；第二代采用一种特殊的显微注射技术，把单个精子直接注入卵细胞，以帮助精子数量极少或精子质量差的男性；第三代是在胚胎移植前，对胚胎进行遗传学检测，排除有遗传病的胚胎，选择健康的胚胎移植，更适合有遗传病风险的家庭。

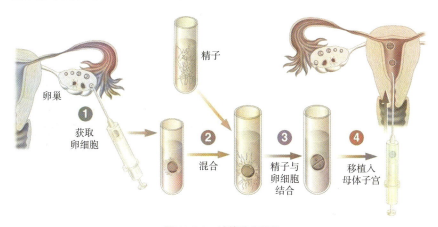

图 10.2-2　试管婴儿图示

例题讲解

　　洋洋妈妈想再生一个孩子，但一直无法怀孕，经检查，原因是输卵管堵塞。输卵管堵塞造成的后果是_____，大夫建议她可以通过____技术生育二宝。

答案： 精子与卵细胞不能结合　试管婴儿

解释： 输卵管堵塞会导致精子无法与卵细胞相遇从而结合，因此可采用试管婴儿技术，让精子和卵细胞在体外发生结合。

10.3　自交与杂交

概念本体　自交与杂交

概念释义　自交是指同一植株或同一基因型个体进行交配。在植物中，自交通常指的是自花传粉或同株异花传粉。在动物中，由于多为雌雄异体，所以自交现象极为罕见，通常指自体受精。杂交是指不同品种或不同基因型个体之间进行交配。

概念解读　以豌豆为例，自交就是让同一个植株自己和自己进行繁殖。豌豆是一种很特别的植物，它的每朵花里都有雄蕊和雌蕊。雄蕊会产生花粉，花粉里有精子；雌蕊里面有卵细胞。在豌豆开花前，自己的花粉就已经落到了自己的雌蕊上，然后精子和卵细胞结合，最后就会结出种子，这就叫自交。自交后代和原来的植株会非常相似，比如一株豌豆开红花，它自交产生的后代也全都开红花。

而杂交是让两个不同的植株进行交配。比如，有一棵开红花的豌豆植株，还有一棵开白花的豌豆植株，我们把开红花豌豆的花粉人为地放到开白花豌豆的雌蕊上，或者反过来，把开白花豌豆的花粉放到开红花豌豆的雌蕊上，让它们的精子和卵细胞结合并产生种子，这就是杂交。杂交就像是两个不同的人结婚生宝宝一样，这样产生的后代可能会与爸爸妈妈都有不一样的地方。

雄蕊和雌蕊都包裹在这两片花瓣中，在传粉完成后，两片花瓣会打开

图 10.3-1　豌豆花

概念应用

科学家会利用自交的特点来培育优良的农作物品种。比如有一株水稻产量远远高于普通水稻，使它高产的基因是 A，但这株水稻的基因组成是 Aa，那么它的后代就有可能出现 aa 导致产量变低。这时就可以让这株水稻自交，再选择其中高产的个体继续自交，这样持续很多代后，就可以得到基因组成是 AA 的纯高产水稻种子。将这样的水稻种下去，它的后代就会很稳定地保持高产量。

杂种优势是指两个不同品种的个体杂交，生出来的宝宝会比爸爸妈妈都厉害，有很多更优秀的特点。袁隆平院士通过把不同品种的水稻进行杂交，获得的杂交水稻就有杂种优势。这些杂交水稻可能比它们的爸爸妈妈长得更高更壮，稻穗更大，上面结的水稻也更多。这样一来，我们就能收获更多的粮食，让很多人免受饥饿的痛苦。再比如动物，马和驴杂交生出的骡子就有杂种优势，兼具马的力气大和驴的耐力好等多种优点。

例题讲解

豌豆是自花传粉，这种交配方式称为____，其花粉落在雌蕊上是发生在开花之前，你能分析选择这个时机进行传粉的好处吗？

答案： 自交　在开花之前完成传粉，能避免雌蕊被空气中的其他花粉干扰，保证自交遗传性状的稳定。

解释： 豌豆是自花传粉，这种交配方式称为自交。开花之前完成传粉称为闭花受粉。闭花受粉时，雌蕊与外界是隔绝的，不会被空气中的其他花粉干扰，这样就能保证花的后代与自己长得一模一样，遗传性状稳定。在农业生产中，这种稳定性很重要。比如水稻，闭花受粉能让优良品种的性状一直保持下去。

10.4 DNA 的结构

概念本体　DNA 的结构

概念释义　DNA 呈反向平行的双螺旋结构。DNA 由两条脱氧核苷酸单链组成，这两条链反向平行并盘旋成双螺旋状。DNA 中含氮碱基排在内侧，外侧是脱氧核糖和磷酸交替连接。DNA 的两条链上的 4 种不同碱基通过氢键配对，A（腺嘌呤）只能与 T（胸腺嘧啶）配对，G（鸟嘌呤）只能与 C（胞嘧啶）配对。

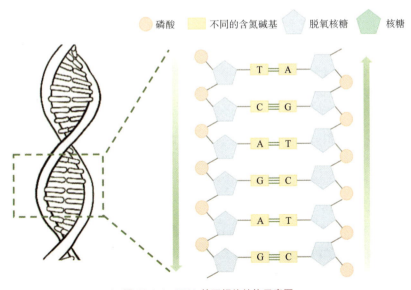

图 10.4-1　DNA 的双螺旋结构示意图

概念解读 DNA 就像一个超级神奇的密码本，里面藏着我们身体的好多秘密，决定了我们长什么样子、有什么特点等。

DNA 的结构就像一个旋转楼梯。楼梯两侧都有扶手，这两条扶手是由磷酸和脱氧核糖交替连接组成的。它们很有规律地排列，组成了 DNA 结构稳定的框架。楼梯的每级台阶都由四种含氮碱基中的某两个手拉手组成，这四种含氮碱基分别叫作腺嘌呤（A）、胸腺嘧啶（T）、鸟嘌呤（G）和胞嘧啶（C）。它们不是随便组合的，而是有固定的搭档：腺嘌呤（A）总是和胸腺嘧啶（T）配对在一起，鸟嘌呤（G）总是和胞嘧啶（C）配对在一起，这种一一对应关系，叫作碱基互补配对原则。G 与 C 的手牵得更紧，所以 G 与 C 之间的连接比 A 与 T 之间的连接要更加牢固。碱基的排列顺序决定了这段 DNA 携带哪些遗传信息。这个楼梯像拧麻花一样，绕成一个螺旋的形状，因此我们叫它双螺旋结构。这样的结构让 DNA 既能稳定存在又能存储很多的信息。

这种像旋转楼梯一样的 DNA，就藏在我们身体的几乎每一个细胞里，它携带着爸爸妈妈给我们的各种遗传信息，DNA 分子的多样性和特异性是决定自然界生物多样性和特异性的根本原因。

概念应用

每个人的 DNA 序列都是独一无二的，除了同卵双胞胎外，不同个体之间的 DNA 序列存在差异，就像用同样的字母可以组成不同的单词和句子一样，这些不同的排列顺序和方式就形成了每个人独特的 DNA 特征，也就让 DNA 能像指纹一样，成为区分每个人的一个重要标志。

DNA 指纹技术是一种通过分析 DNA 序列的差异来识别个体或确定亲缘关系的方法。首先从生物样本（如血液、唾液、毛发等）中提取 DNA，利用聚合酶链式反应（PCR）技术对部分 DNA 片段进行扩增后，通过凝胶电泳技术，将扩增后的 DNA 片段按大小分离，形成不同条带。根据电泳结果生成 DNA 指纹图谱，通过比对图谱来确定个体身份或亲缘关系。

DNA 指纹技术因其高度的准确性和特异性，在多个领域得到了广泛应用：（1）通过分析犯罪现场遗留的生物样本，与嫌疑人或数据库中的 DNA 指纹比对，确定犯罪嫌疑人的身份；（2）用于确认失踪人员、遇难者等的身份；（3）通过比较父母与子女的 DNA 指纹，准确判断亲子关系，广泛应用于解决法律纠纷和确认家庭关系。

例题讲解

1. 根据如图所示的 DNA 指纹图谱，请判断 3 个怀疑对象中谁是犯罪嫌疑人：____。

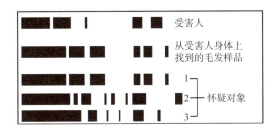

答案： 1 号

解释： 1 号怀疑对象的 DNA 图谱与从受害人身上找到的毛发样品一致，且该毛发样品并非来自受害人本人，所以怀疑该毛发来自犯罪嫌疑人。

2. 决定自然界中生物多样性和特异性的根本原因是生物体内（　　　）。

A. DNA 分子的多样性和特异性　　　　B. 蛋白质分子的多样性和特异性

C. 氨基酸种类的多样性和特异性　　　　D. 化学元素的多样性和特异性

答案： A

解释： DNA 分子的多样性和特异性决定了蛋白质分子的多样性和特异性，是决定自然界中生物多样性和特异性的根本原因。

10.5　DNA 的复制

概念本体　　DNA 的复制

概念释义　　DNA 复制是指以亲代 DNA 为模板合成子代 DNA 的过程。在真核生物中，这一过程是在细胞分裂前的间期，随着染色体的复制而完成的。

概念解读　　我们的身体由细胞组成，而细胞会不断地分裂和更新。每次细胞分裂时，都需要将 DNA 完整地复制一份，这样新产生的细胞才能拥有和原来细胞一样的遗传信息。如果没有 DNA 复制，新细胞就会丢失很多重要的信息，我们的身体就无法正常生长和发育。

　　DNA 复制需要经过几个重要步骤。（1）第一步是解旋。细胞里有一种解旋酶，它像一把钥匙，能够将配对的碱基之间的氢键打开，使 DNA 的两条链分开，这就像复印一本书时为了信息能复制完整，应该先把书中的每页纸都单独复印。（2）当 DNA 的两条链分开后，接下来就是合成新的 DNA 链。细胞里有 DNA 聚合酶，它就像一个勤劳的工人，可以以 DNA 单链为模板，按照碱基互补配对的规则，找到合适的碱基来合成新的 DNA 链。比如，当它看到一个 A 时，就会在对面放上一个 T；当它看到一个 C 时，就会在对面放上一个 G。这样，新的 DNA 链就会慢慢地合成出来。（3）新合成的 DNA 链由很多片段组成，就像复印出来是一页一页纸，还需要装订起来。细胞里有一种连接酶，它就像胶水，能够把这些小片段粘在一起形成一条完整的 DNA 链。至此，我们就得到了两条完全一样的 DNA 链，每条都包含了完整的遗传信息。

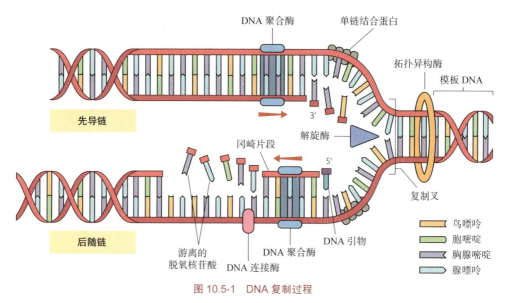

图 10.5-1　DNA 复制过程

概念应用

　　根据 DNA 复制的原理，我们可以利用"聚合酶链式反应"技术（PCR 技术），在短时间内将一个 DNA 片段复制很多份。

　　PCR 技术在一个称为 PCR 仪的机器中进行，其工作过程可以分成三个步骤：变性、退火和延伸。我们可以用一个简单的比喻来理解这个过程。（1）首先我们需要将 DNA 解旋，让它们变成两条单链。怎么做呢？当把 DNA 放在高温下（通常是 95 ℃左右），DNA 就会自动解旋为两条单链。这个过程叫作"变性"。（2）接下来，我们需要让一些小的"引子"（科学家叫它引物）贴到这两条单链 DNA 上。引物就像小磁铁，它们会找到合适的结合位点（能与它碱基互补配对的位置），贴在 DNA 单链上。为了让引物能够顺利贴上去，我们需要把温度降低到 50 ℃左右。这个过程叫作"退火"。（3）当引物贴上去之后，就轮到聚合酶出场了。聚合酶的工作温度在 72 ℃左右，它会按照碱基配对的规则，把新的碱基一个个加到引物后面，合成一条新的 DNA 链。这个过程叫作"延伸"。然后，通过对温度的调节，这三步不断往复，每次循环都会让 DNA 的数量翻倍。经过几十次循环后，原来的一小段 DNA 就会复制成很多份。

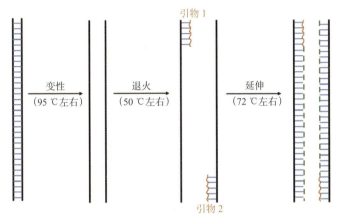

图 10.5-2　PCR 技术的一个循环示意图

PCR 技术应用非常广泛，比如医生可以用 PCR 技术来检测我们体内是否有病毒或细菌的 DNA，以判断我们是否感染了某种病原体；在应用 DNA 指纹技术时，也需要先利用 PCR 技术对样本中的 DNA 进行扩增，才能达到可检测的浓度；科学家也会利用 PCR 技术复制他们感兴趣的基因片段，以便更好地了解基因的作用。

例题讲解

1. 一个 DNA 分子复制完成后，新形成的 DNA 子链（　　　）。

　　A. 是 DNA 母链的片段　　　　　　B. 与 DNA 母链之一相同

　　C. 与作为模板的那条 DNA 单链相同　　D. 与 DNA 母链完全不同

　　答案：B

　　解释：DNA 复制时，以解旋后的两条单链为模板，分别合成出一条与之碱基互补配对的单链，形成两个新的 DNA 分子，所以，新合成出的 DNA 单链应该与作为模板的 DNA 单链不同，但与没有作为模板的那条 DNA 单链相同。

2. 1956 年，美国生物化学家科恩伯格首次在试管中人工合成了 DNA 分子。他曾尝试将从大肠杆菌中提取出的 DNA 聚合酶加入具有四种脱氧核苷酸的体系中，发现并没有 DNA 合成，关于其原因的叙述不合理的是（　　）。

A. 缺少 DNA 合成的模板　　　　　　B. 缺乏能量供应

C. 试管中缺乏大肠杆菌　　　　　　D. 合成过程需要适宜的温度、pH 值等条件

答案：C

解释：DNA 体外复制需要提供 DNA 复制所需的条件，包括 DNA 聚合酶、模板、四种游离的脱氧核苷酸、引物、反应需要的温度、酶所需要的最适 pH 值等。另外，DNA 作为生物大分子，其合成还需要吸收能量。

10.6　遗传信息的转录

概念本体　遗传信息的转录

概念释义　在细胞核中，通过 RNA 聚合酶以 DNA 的一条链为模板合成 RNA 的过程，称为遗传信息的转录。

概念解读　基因是 DNA 上的小片段，遗传信息的转录就像是在"抄写"基因的指令。因为基因无法离开细胞核，而细胞里的其他地方需要用到这些指令才能正确工作，所以，转录就是把基因的指令抄写成一个"副本"，副本可以从细胞核离开被送到细胞的其他地方去，从而召集细胞里的"工人"（蛋白质）按照这个副本去工作。

转录的过程有点像用打印机打印文件。基因是用 DNA 语言写出来的，而转录时，会用 RNA 语言来抄写。这个过程如下所述。（1）打开基因：细胞中有一种叫作 RNA 聚合酶的"小助手"，它会找到要转录的基因，然后把基因"打开"，就像翻开书一样。（2）抄写指令：RNA 聚合酶会按照基因的顺序，依据碱基互补配对原则，以 DNA 的某一条单链为模板，一个字母一个字母地抄写。基因的字母是 A、T、C、G，而添加的 RNA 中对应的字母是 U、A、G、C（T 被替换成了 U）。这样，它就把基因的指令抄写成一个 RNA 副本。（3）完成副本：等 RNA 聚合酶遇到终止信号时，它就认为自己抄写完成了。这个 RNA 副本就可以离开细胞核，到细胞质中执行任务。

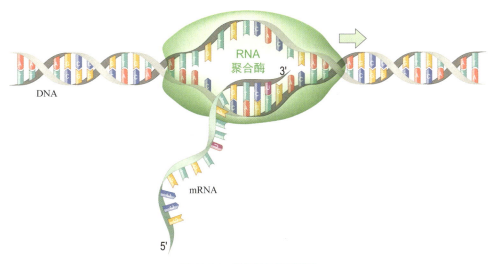

图 10.6-1 基因的转录示意图

概念应用

  qRT-PCR 技术，即定量逆转录聚合酶链式反应技术，是在 PCR 技术基础上发展而来的。通过提取样本中的总 RNA，以其为模板通过逆转录合成出互补 DNA（cDNA），然后以这些 DNA 为模板，在 PCR 反应体系中加入可以结合在双链 DNA 上的荧光染料，在荧光定量 PCR 仪中进行反应。仪器会按照设定的程序，自动完成变性、退火、延伸等步骤，并实时监测荧光信号的变化。根据荧光信号的变化绘制扩增曲线，通过一系列分析，就可以计算出样本中的目标基因的相对转录水平。

  qRT-PCR 技术具有灵敏度高、特异性强、定量准确等优势，在医学、生物学、农业等领域有很广泛的应用。例如，在肿瘤的早期诊断和治疗监测方面，qRT-PCR 技术发挥着重要作用。在许多肿瘤发生的早期，细胞内的基因转录就已经出现异常。qRT-PCR 技术可以检测到这些异常转录的基因，如一些肿瘤标志物基因的转录发生变化，有助于在肿瘤还较小、处于无症状阶段时发现病变。例如，检测痰液中的肺癌相关基因甲基化标志物，可辅助早期肺癌的筛查。在肿瘤治疗过程中，qRT-PCR 技术可用于监测肿瘤细胞的变化。通过定期检测患者血液或肿瘤组织中肿瘤相关基因的转录情况，评估治疗效果，判断肿瘤是否复发或转移。如果治疗后肿瘤相关基因的转录明显下降，说明治疗有效；若基因表达量再次升高，可能提示肿瘤复发。

例题讲解

如图所示为人体某细胞中基因 X 的转录过程，该过程在_____中完成，完成该转录过程的模板是图中的_链，需要_____酶的催化。

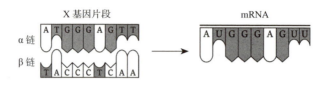

答案：细胞核　β　RNA 聚合

解释：真核生物的转录过程主要发生在细胞核中。转录以 DNA 的一条链为模板合成 RNA，根据 RNA 碱基序列，再结合碱基互补配对原则可知，转录的模板链应为 β 链。转录过程需要在 RNA 聚合酶的催化作用下完成。

10.7　遗传信息的翻译

概念本体　遗传信息的翻译

概念释义　游离在细胞质中的各种氨基酸，以 RNA 为模板合成具有一定氨基酸顺序的蛋白质，这个过程称为遗传信息的翻译。

概念解读　遗传信息的翻译就像是在"解码"，这个过程有点像我们依据密码本把密码翻译成普通语言。RNA 上的指令是用一种叫作"密码子"的东西编写的。每个密码子由 3 个相连字母（每个字母代表一个核糖核苷酸）组成，如 AUG、UUU 等。每个密码子会对应一种氨基酸。翻译的过程如下所述。（1）转录完成后，RNA 会从细胞核中进入细胞质中。（2）氨基酸拼接：在细胞质中，有很多核糖体，它们会读取 RNA 上的密码子，然后找到对应的氨基酸。比如，AUG 密码子对应甲硫氨酸，UUU 密码子对应苯丙氨酸。有一类被称为转运 RNA 的"搬运工"会将这些氨基酸按密码子写好的顺序逐一搬运到核糖体中，之后核糖体会把这些氨基酸一个一个地拼接起来。（3）形成蛋白质：当所有的氨基酸都拼接好后，在经过一系列盘曲折叠，形成特定的空间结构后，就形成了具有一定结构与功能的蛋白质。这个蛋白质会按照 RNA 上的指令去完成它的任务，比如作为消化酶帮助我们消化食物等。

举个简单的例子，假设 RNA 上的指令是 AUG-GUU-ACC，那么核糖体会这样翻译：

❏ AUG 对应甲硫氨酸（这是蛋白质的起始氨基酸）；

❏ GUU 对应缬氨酸；

❏ ACC 对应苏氨酸。

核糖体会把这三种氨基酸拼接起来，形成一个蛋白质。这个蛋白质就会按照 RNA 上的指令去完成它的任务。

如果没有翻译，基因的指令就只是写在纸上的文字，没有办法变成实际的工作。通过翻译，RNA 上的指令被翻译成蛋白质，蛋白质再去完成各种任务，让身体能够正常运转。

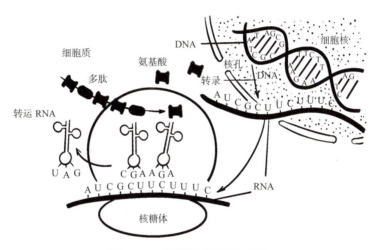

图 10.7-1 遗传信息的转录和翻译

概念应用

基于对遗传信息转录和翻译的认知，我们可以利用现代生物技术，将人工分离和修饰过的基因导入某种生物体的基因组中，由导入基因的转录和翻译引起生物体的性状发生可遗传的改变，这就是转基因技术。

以转基因抗虫棉为例，科学家从苏云金芽孢杆菌中分离出一种或几种能够编码产生杀虫蛋白的基因，如 Bt 基因。这种杀虫蛋白对棉铃虫等鳞翅目害虫具有特异的毒杀作用。通过农杆菌介导法、基因枪法等转基因技术，将这些抗虫基因导入棉花细胞的基因组中。导入的基因在棉花细胞内，能利用细胞中的核糖体、酶等稳定地转录和翻译，使棉花自身具备合成杀虫蛋白的能力。当棉铃虫等害虫取食转基因抗虫棉的叶片等组织后，摄入的杀虫蛋白会在害虫的肠道内被激活，与害虫肠道上皮细胞的特异性受体结合，引起害虫肠道穿孔，导致害虫消化不良、生长发育受阻，最终死亡，从而达到抗虫的效果。

例题讲解

1. 如图所示是展示了真核细胞中的某种生命活动过程的电子显微镜照片。下列有关分析正确的是（　　）。

   A. 图示过程为 mRNA 的合成过程

   B. 各核糖体最终合成的产物不同

   C. 图示机制提高该生命活动效率

   D. 该过程发生在细胞核中

   答案：C

   解释：很多核糖体结合在同一条 RNA 上，说明 RNA 在同时进行多次翻译，图示过程为翻译过程，A 选项错误；因为模板是同一条 RNA，所以只是翻译开始时间不同，最后产出的蛋白质应该相同，B 选项错误；图示过程说明一条 RNA 可同时进行多次翻译，无须等到一次翻译完成再开始下一次，大大提升了翻译的效率，C 选项正确；该过程发生在细胞质中，D 选项错误。

2. 玉米根尖分生区细胞核 DNA 复制、转录和翻译的共同之处是（　　）。

   A. 都涉及遗传信息的传递　　　　B. 发生的场所相同

   C. 每时每刻都在进行　　　　　　D. 所需的原料相同

   答案：A

   解释：DNA 复制是遗传信息从老 DNA 流向新的 DNA 分子，发生在细胞核区域，只有在细胞分裂间期才发生，原料是四种脱氧核苷酸；转录是遗传信息从 DNA 流向 RNA，发生在细胞核中，几乎每时每刻都在进行，原料是四种核糖核苷酸；翻译是遗传信息从 RNA 流向蛋白质，发生在细胞质中，原料是游离的氨基酸。

10.8　基因突变

概念本体　基因突变

概念释义　基因突变是指 DNA 分子中发生碱基对的替换、增添和缺失，引起基因结构的改变。

概念解读　如果把身体比作一台复杂的机器，基因就像是这台机器的"说明书"，那么基因突变就如同"说明书"出现了印刷错误，可能是不小心把"1"写成了"7"，或者多写、漏写了一个字。

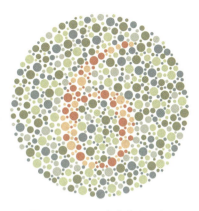

基因突变造成的影响多种多样。有时候，基因突变会带来一些能让生物更加适应环境的变化。比如，基因突变让长颈鹿的脖子变得更长，可以帮助它们更好地生存。但有时候，基因突变也可能会带来一些不好的变化。比如，有些基因突变可能会导致人或动物生病，如红绿色盲。也有的时候，基因突变什么影响都没有。就像你写作业时，写错一个无关紧要的标点符号，可能并不会影响整体的意思。

图 10.8-1　红绿色盲鉴定图片

概念应用

正常情况下，我们身体里的细胞会按照一定的规则生长和工作，就像学校里的学生排好队，听从老师的指挥一样。但是，如果某些基因发生突变，那么就会导致某些细胞出现异常，开始乱长，不再听从身体的指挥。这种异常细胞就是癌细胞。

癌症的特点如下所述。（1）无限增殖：癌细胞会长得特别快，比正常细胞快很多，它们会不断地分裂，变得越来越多。（2）转移：癌细胞不仅在自己开始的地方生长，它们还会跑到身体的其他部分去，这叫作转移，是癌症很难治疗的原因之一。（3）遗传物质改变：癌细胞中，通常会发生原癌基因或者抑癌基因的突变。

癌症的诱发因素包括不健康的生活方式，如吸烟、饮酒、不良饮食习惯和缺乏运动，以及环境因素，比如空气污染和紫外线过度暴露。此外，遗传和某些病毒感染也是癌症的诱因。癌症的治疗方案多种多样，包括手术切除肿瘤、化疗使用药物杀死癌细胞、放疗利用辐射破坏癌细胞、靶向治疗针对癌细胞特定标志物，以及免疫治疗激活患者自身免疫系统对抗癌症。治疗方案通常根据癌症类型和病情发展阶段制定。

例题讲解

1. 杂交水稻之父袁隆平在稻田中找到一株"野败"（雄性不育），发现雄性株发生了碱基对的替换，利用此雄性不育，可培育出高产的杂交水稻。这株"野败"的产生是由于_____。

   答案：基因突变

解释：袁隆平院士在稻田中找到的"野败"（雄性不育）是因基因突变而产生的。我们紧扣基因突变的定义，以"野败"为突破口来进行分析，雄性不育株发生了"碱基对的替换"，使得这株水稻的雄性部分无法正常产生花粉，从而不能自我繁殖，简单来说，就像是一本故事书里的文字突然改变，使得故事的情节发生了变化一样。

2. 癌症的主要特点不包括（　　）。

　　A. 无限增殖　　　　　　　　　B. 发生转移

　　C. 遗传物质发生改变　　　　　D. 快速自愈

答案：D

解释：癌症的主要特点包括无限增殖、发生转移和遗传物质发生改变。"快速自愈"并不是癌症的特点，实际上，癌症患者体内的癌细胞会不受控制地增长和扩散，并且还会发生遗传物质的改变，因而不会自行恢复或自愈。

10.9　人类遗传病

概念本体　人类遗传病

概念释义　人类遗传病是指由遗传物质改变而引起的人类疾病，主要包括单基因遗传病、多基因遗传病和染色体异常遗传病。

概念解读　单基因遗传病：由一对基因控制的遗传性疾病。比如，有一种病叫血友病，由于控制凝血因子合成的基因出现问题，患者身体里缺少某些凝血因子，一旦受伤流血就很难止住。常见的单基因遗传病还有白化病、苯丙酮尿症、抗维生素D佝偻病、多指症等。

　　多基因遗传病：由多对基因一起控制的遗传性疾病。哮喘、高血压、冠心病等都属于多基因遗传病。这些病的发生不仅和基因有关，还与我们生活的环境有关系。若一个人的家族中有较多成员患有高血压，那么他患高血压的风险相对较高。不过，通过保持健康的生活方式，如合理饮食、适度运动等，可在一定程度上降低其发病的可能性。

　　染色体异常遗传病：由于染色体的数目或结构发生异常而引起的遗传性疾病。最常见的就是唐氏综合征，也叫21三体综合征。患者的第21号染色体比正常人多了一条，长相会有一些特殊的地方，如眼间距宽、眼角上斜等，同时他们的智力发育也会受到影响。

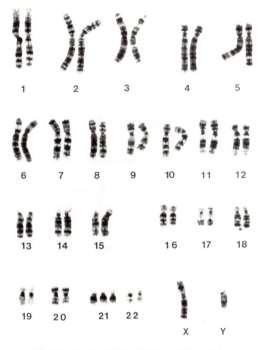

图 10.9-1　21 三体综合征患者的染色体组成

概念应用

遗传病会给个人、家庭、社会带来很大挑战，因此，知晓人类遗传病的致病机制后，我们可以通过婚前检查、遗传咨询、产前诊断等方式尽量预防遗传病的发生。

通过婚前检查可以知道自己和另一半是否患有一些可能会遗传给宝宝的疾病，如果有问题，就可以提前想办法，做好准备。

如果家族中存在遗传病患者，可以咨询医生或者专业的遗传咨询师，他们会根据家族情况，告诉我们可能的风险以及应该怎么做。

羊水穿刺，也称为羊膜穿刺术，是一种用于产前诊断的医学操作。孕妇子宫的羊水中含有胎儿脱落的细胞，这些细胞携带着胎儿的遗传信息，通过对这些细胞进行培养、分析，并检测羊水中的某些生化指标，如甲胎蛋白（AFP）等，可判断胎儿的染色体数目和结构是否异常、是否携带已知单基因遗传病的致病基因，以及评估胎儿是否存在神经管缺陷等疾病。羊水穿刺是一种有创检查，存在一定风险，要做好术前评估。

例题讲解

1. 唐氏综合征又被称为 21 三体综合征，患者比正常人多一条 21 号染色体，据此得出唐氏综合征属于（　　）。

   A. 染色体异常遗传病　　　　　　　B. 单基因遗传病

   C. 多基因遗传病　　　　　　　　　D. 传染病

   答案：A

   解释：21 三体综合征的病因是染色体数目异常，因此属于染色体异常遗传病。传染病是由病原体引起的，能在人与人或人与动物间传播的疾病，21 三体综合征不符合传染病的特点。

2. 查阅资料，下列疾病中属于单基因遗传病的有＿＿＿＿＿＿。

   ①病毒性感冒　②肺结核　③多指　④苯丙酮尿症　⑤坏血病　⑥乙型肝炎

   ⑦外耳道多毛症　⑧艾滋病

   答案：③④⑦

   解释：①②⑥⑧都是由病原体引起的，属于传染病；⑤坏血病是饮食缺乏维生素 C 导致的，既不属于传染病，也不属于遗传病。

11 内环境与稳态

11.1 内环境

概念本体 内环境

概念释义 血浆、组织液、淋巴液组成细胞外液，这个由细胞外液构成的液体环境叫作内环境。

概念解读 内环境是身体中的细胞生活的环境，就好像我们生活在一个有空气、有水、有各种设施的小区里一样，细胞也生活在一个特定的环境中。内环境有相对稳定的温度、pH 值、浓度等性质，来保证细胞可以舒适地生活其中。这个环境主要是由细胞外液构成的，细胞外液就像是浸泡着细胞的"小池塘"，细胞可以从中获取它们需要的东西，比如氧气、营养物质，也可以把它们产生的废物排到这个"小池塘"里。

细胞外液又包括血浆、组织液和淋巴液。血浆是血液中除血细胞以外的那部分液体，它在血管里流动，就像一条奔腾的小河，带着氧气、营养物质等，给各个细胞送去它们需要的东西并带走它们产生的废物。组织液则是存在于细胞和细胞之间的液体，它就像小区里的小路，连接着各个细胞及血管。血浆里的一些物质可以透过血管壁进入组织液，然后组织液再把这些物质送给细胞。淋巴液是由一部分组织液进入淋巴管形成的。淋巴管在组织细胞间产生并遍布全身，淋巴液会在淋巴管里流动，最后在某一处汇集并回到血浆里。

概念应用

内环境对我们的身体非常重要，身体也有很多机制来维持内环境的相对稳定。但当内环境的相对平衡被打破，比如内环境的 pH 值或者温度发生很大变化时，细胞就会不舒服以致无法正常生活。

你听说过水肿吗？水肿的发生就与内环境出现问题有关。水肿是组织液过多导致的，可由多种原因引起。（1）如果长期营养不良，血浆中会缺乏蛋白质，使得血浆浓度降低，水分就容易从血管跑到组织液中，导致组织液增多。（2）如果身体发生过敏反应或者出现炎症，就可能导致毛细血管通透性增加，血浆中的蛋白质等物质就会跑到组织液中，使组织液浓度升高，吸引更多水分进入组织液。被蚊虫叮咬过的地方又红又肿就是这个原因。（3）如果淋巴管被堵塞，淋巴液不能顺利流回血浆，组织液就会在局部积聚，造成水肿。热带地区有人会得丝虫病，也被称为"象皮肿"，就是因为丝虫寄生在淋巴管中，破坏了淋巴管导致淋巴液回流不畅，时间长了腿就会又粗又肿，像大象腿一样。

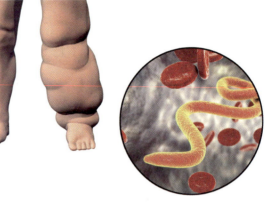

图 11.1-1　丝虫病导致的水肿

例题讲解

1. 人体的内环境是指（　　）。

　　A. 体内的所有细胞和组织　　　　B. 淋巴液、组织液和血浆

　　C. 外界环境对人体的影响　　　　D. 内脏器官的功能状态

　　答案：B

　　解释：由血浆、组织液、淋巴液组成的细胞外液构成的液体环境叫作内环境。内环境是细胞生活的环境，但不包含细胞和组织在内。

2. 在长跑比赛中，运动员体内会发生很多生理变化，比如大量出汗、产热等。结合生活常识，你认为下列叙述正确的是（　　）。

　　A. 大量出汗会让血浆 pH 值降低　　B. 大量出汗会让血浆浓度变低

　　C. 大量出汗有利于维持体温的稳定　　D. 大量产热会让体温急剧升高

　　答案：C

　　解释：长跑是正常的有氧运动，在这个过程中，机体的内环境始终维持在相对稳定状态，包括内环境的组成成分和理化性质，因此血浆的 pH 值、温度应该不会发生剧烈变化，A、D 选项错误。大量出汗血浆浓度可能略有升高，但幅度不会很大，更不会降低，B 选项错误。出汗可以增加身体散热，避免在身体产热增加的情况下体温过度升高，因此有利于维持体温的稳定，C 选项正确。

11.2　人的大脑

概念本体　人的大脑

概念释义　大脑是中枢神经系统的重要组成部分，由左右两个大脑半球组成。大脑的表层叫作大脑皮层，是神经元的细胞体集中的部分。大脑是调节机体功能的器官，也是语言、学习、记忆和情绪等高级神经活动的控制中心。

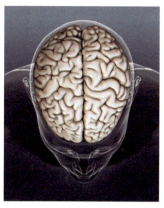

图 11.2-1　人的大脑

概念解读　大脑就像身体的"超级司令部"，它的样子有点像核桃仁。大脑主要分为左右两个半球，就像两个好伙伴，它们之间有很多神经纤维连着，会互相交流信息。大脑皮层是大脑最外面的灰质部分，就像大脑的"智慧外衣"。它有很多褶皱，突起部分称为回，凹陷部分称为沟，这些沟回让它的面积变得很大很大，可以容纳超多的神经元。

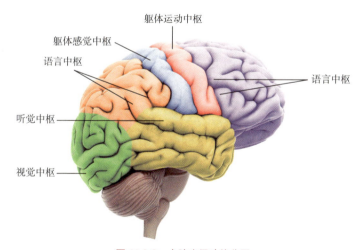

躯体运动中枢

躯体感觉中枢

语言中枢

语言中枢

听觉中枢

视觉中枢

图 11.2-2　大脑皮层功能分区

大脑皮层有很多不同的区域，每个区域都有自己独特的工作。

躯体运动中枢：就像一个"运动指挥官"，负责控制身体各个部位的运动。

躯体感觉中枢：是身体的"感觉接收器"，负责接收来自身体的触觉、痛觉、温觉等感觉信号，并将这些信号传递至大脑皮层进行进一步处理。

视觉中枢：是我们的"视觉小天地"，眼睛看到的光线、图像等信息，都会被送到这里进行处理，这样我们才能看到五彩斑斓的世界。

听觉中枢：是我们的"声音处理器"，耳朵收集到的声音信号会传到这里，让我们能听到各种声音，如乐声、说话声、鸟叫声等，还能分辨声音的高低、远近和方向。

语言中枢：一般在大脑左半球，是我们人类特有的"语言小工厂"，其中有负责说话表达的布罗卡区，还有负责理解语言的韦尼克区等。有了它们，我们才能正常地说话、交流、读书和写字。

概念应用

你听说过脑机接口吗？脑机接口就像是大脑和机器之间的"桥梁"。大脑可以通过神经元产生电信号来思考、感受和控制身体。脑机接口的设备能将大脑发出的这些电信号收集起来，然后把它们变成机器能懂的指令，这样机器就能按照大脑的想法做事了。反过来，机器也能把一些信息变成电信号传给大脑，让大脑能收到机器传来的消息。

脑机接口已在很多领域取得突破性进展：美国杜克大学开发的系统让完全瘫痪的男子能通过思维控制机械臂进行喝水、进食等活动；清华大学脑机接口研究中心开发出基于 BCI（脑机接口）的新型脑机交互游戏平台，玩家可通过思维控制游戏角色；我国有研究所开发了面向工业安全的智能安全帽及人员安全实时监管数字平台，通过智能安全帽实时监测工人的生理状态和环境安全，当出现昏迷、中毒等风险隐患时能自动预警、报警；2025 年我国"北脑一号"通过 128 通道柔性电极，使渐冻症患者单字解码时延小于 100 毫秒，实时准确率达 52%，实现"我要喝水"等完整语句表达。

例题讲解

1. 阿尔茨海默病的病理学特征之一是中枢神经系统内神经元死亡。当患者出现记忆丧失、语言障碍等症状时，推测患者神经系统受损的部位是（　　）。

A. 大脑皮层　　　　B. 脑干　　　　　C. 小脑　　　　　D. 脊髓

答案：A

解释：记忆、语言由大脑皮层控制。脑干主要控制呼吸、心跳、血压等，因此又被称为"保命中枢"。小脑主要负责协调运动，维持平衡。脊髓主要负责在脑和身体间传导神经信号，以及控制一些简单的反射。

2. 某人可以听到但听不懂别人说的话，这表明他大脑的什么区域受到了损伤？

_____。

答案：语言中枢

解释：与语言文字相关的听、说、读、写都由大脑皮层的语言中枢控制。

11.3 分级调节

概念本体　分级调节

概念释义　分级调节是指生物体内不同层级调控系统的相互作用，通过一系列复杂的调控机制，实现对生理功能的精细调控。这种调节方式常见于多细胞生物的生命活动中，确保生物体在任何环境条件下都能维持内环境的稳定。

概念解读　神经系统的工作就存在分级调节。假设我们现在在踢足球，此时大脑皮层就是"总指挥"，应该往什么方向做出什么动作这些高级指令都由它发出。小脑就像"平衡大师"，帮我们保持身体平衡，让我们在奔跑过程中稳稳当当不摔倒。脑干是"保命中枢"，负责呼吸、心跳这些基本生命活动，保证我们在运动时能正常呼吸。脊髓则像"传令兵"，连接大脑和身体，把大脑皮层的指令传递给身体，从而支配手、腿等部位的肌肉完成动作。在这个过程中，大脑皮层是最高级中枢，脊髓是运动的低级中枢，脑干则可以连接大脑和脊髓。高级中枢会发出指令不断调整低级中枢的活动，使机体运动变得更加精准。当然，内脏活动，如心脏跳动、膀胱收缩等也受到神经系统的分级调节。

内分泌系统也存在分级调节。下丘脑是"大司令"，能分泌一些激素来告诉垂体该怎么做。垂体就像"小司令"，接到下

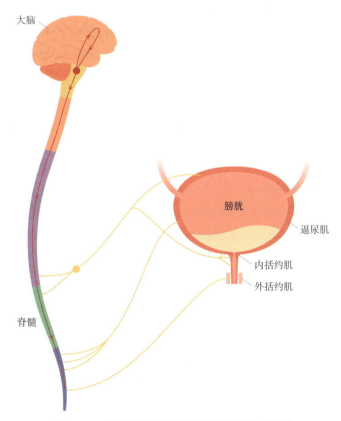

图 11.3-1　神经系统不同中枢对膀胱活动的分级调节

丘脑的命令后，会分泌各种激素，去指挥甲状腺、肾上腺皮质、性腺这些"士兵"。比如天气严寒时，下丘脑分泌促甲状腺激素释放激素，使得垂体分泌促甲状腺激素，促甲状腺激素又能让甲状腺分泌甲状腺激素，从而增加我们身体的产热。如果这些"士兵"分泌的激素多了，又会告诉下丘脑和垂体减少分泌激素的指令，从而使自身分泌的激素量不至于过多。分级调节能放大激素的调节效应，也有利于精细调控。

概念应用

有些运动员使用睾酮（一种雄激素）类兴奋剂来促进蛋白质合成、增加肌肉力量和爆发力以提高比赛成绩，你知道这样做的坏处是什么吗？

正常情况下，下丘脑分泌促性腺激素释放激素，作用于垂体，使垂体分泌促性腺激素，进而促使性腺分泌睾酮等性激素。使用睾酮类兴奋剂会外源性地增加体内睾酮含量，打乱这种分级调节秩序，使垂体和下丘脑接收到"不需要再促进睾酮分泌"的信号，长期使用会导致它们功能下降，进而抑制促性腺激素的释放。促性腺激素的减少一方面会使内源性睾酮分泌减少，另一方面还会导致性腺萎缩。因此，这种行为不仅违背了体育道德和公平竞争原则，还会严重破坏身体的调节机制，损害健康，是绝对不可取的。

例题讲解

1. 在神经系统的分级调节中，（　　　）负责协调复杂的行为和高级功能。

   A. 脊髓　　　　　　B. 脑干　　　　　　C. 大脑皮层　　　　　D. 小脑

   答案：C

   解释：在神经系统的分级调节中，大脑皮层是最高级中枢，负责发出高级指令。

2. 下表是两位甲状腺功能减退患者血液化验单的部分结果，相关分析错误的是（　　　）。

	甲状腺激素（TH）含量	促甲状腺激素（TSH）含量
患者 1	低于正常值	高于正常值
患者 2	低于正常值	低于正常值

   A. 下丘脑可以分泌促甲状腺激素释放激素（TRH），促进垂体分泌 TSH

   B. 患者 1 体内低浓度的 TH 促进垂体分泌 TSH，导致其 TSH 高于正常值

   C. 患者 2 体内 TSH 水平低于正常值，是其甲状腺激素分泌不足的原因之一

   D. 给患者 2 静脉注射 TRH 后检测 TSH 含量，可为判断病变部位提供参考

   答案：B

解释： 下丘脑分泌促甲状腺激素释放激素使得垂体分泌促甲状腺激素，促甲状腺激素能让甲状腺分泌甲状腺激素，A 选项正确。患者 1 体内 TH 含量低于正常值，而 TSH 含量高于正常值，可能是 TH 不足导致对垂体分泌 TSH 的抑制作用弱，而不是促进其分泌，B 选项错误。患者 2 体内 TH 和 TSH 水平都偏低，TSH 不足可以作为 TH 分泌不足的原因，C 选项正确。此时可能是垂体出现问题，也可能是下丘脑出现问题，如果给患者 2 注射 TRH 后其 TSH 水平升高，则说明是下丘脑出现问题；若没有升高，则是垂体出现问题，D 选项正确。

11.4 突触

概念本体 突触

概念释义 神经元的轴突末梢经过多次分枝，最后每个小枝末端膨大，呈杯状或球状，叫作突触小体。突触小体可以与其他神经元的胞体或树突等相接近，共同形成突触。突触的结构包括突触前膜、突触间隙与突触后膜。

概念解读 突触是神经元之间传递信息的"桥梁"，一个神经元可与多个神经元间形成突触。当神经元接收到如看到好吃的这类信息时，会将其转化成电信号，沿着这条长长的神经元一直传递到轴突末梢。但该神经元的轴突末梢与下一个神经元之间有一定的缝隙，电信号无法直接传过去，此时这个轴突末梢就会将一些称为神经递质的物质包裹在突触小泡中，以胞吐形式释放到突触间隙，就像两个同学靠"扔纸团"传递信息一样。之后神经递质就可以扩散到对面神经元的突触后膜，作为化学信号被膜上的受体识别后在新的神经元中形成新的电信号继续传递。

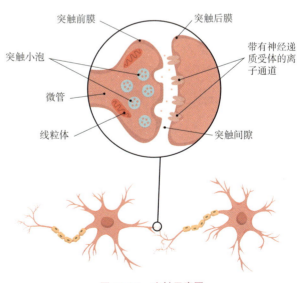

图 11.4-1 突触示意图

概念应用

可卡因是一种毒品，长期使用会导致大脑发生适应性改变，神经系统功能紊乱，产生对可卡因的依赖，对身体和心理造成严重危害，如心血管系统损伤、精神障碍、认知能力下降等，甚至可能危及生命。

为什么可卡因会有这么大的危害呢？多巴胺是一种神经递质，当我们经历一些让我们感觉良好的事情，比如收到喜欢的礼物、取得好成绩时，大脑就会释放多巴胺。多巴胺就像大脑给我们的"奖励信号"，它让我们体验到愉悦和满足感，这种感觉会促使我们重复这些行为，去追求更多的"奖励"。可卡因进入人体后，主要作用于多巴胺能神经元的突触。它能够阻断多巴胺转运体，使得多巴胺无法被正常再摄取回突触前神经元。这样一来，突触间隙中的多巴胺就会大量积累，持续与突触后膜上的多巴胺受体结合，让大脑持续接收到强烈的兴奋信号，使人产生强烈的愉悦感、兴奋感和精力充沛的感觉。使用可卡因会引起大脑神经元之间的连接和突触功能发生改变，导致大脑的功能和结构逐渐适应可卡因的存在，让大脑错误地认为可卡因是生存所必需的，从而不断驱使使用者寻找和使用可卡因，以获得这种强烈的奖赏体验，导致成瘾。

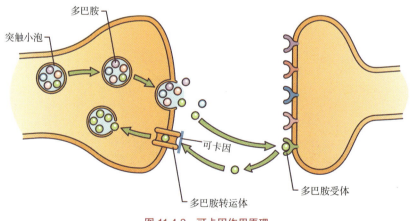

图 11.4-2　可卡因作用原理

例题讲解

1. 下列有关突触的叙述中，正确的是（　　　）。

　　A. 神经元之间通过突触联系　　　　　B. 一个神经元只有一个突触

　　C. 突触由突触前膜和突触后膜构成　　D. 神经递质是一种电信号

答案：A

解释：突触是神经元之间传递信息的"桥梁"，A选项正确；一个神经元可形成很多突触，B选项错误；突触结构还应包括突触间隙，C选项错误；神经递质一般是小分子化合物，是化学信号，D选项错误。

2. 科学研究发现，突触小泡释放神经递质后，囊泡膜既能以"完全坍塌"的方式融入突触前膜，也能以"触—弹"的方式迅速脱离突触前膜回到轴浆，并装载神经递质成为新的突触小泡，这两种方式如图所示。下列相关叙述正确的是（　　）。

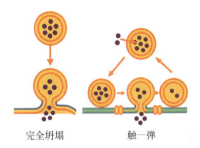

完全坍塌　　　　触—弹

A. 神经递质以主动运输的方式从突触前膜释放

B. 以"触—弹"方式释放神经递质后的囊泡可循环利用

C. 突触小泡释放的神经递质作用于突触后膜，使下一个神经元兴奋

D. 通过检测突触前膜的膜面积变化，不能区分神经递质的两种释放方式

答案：B

解释：神经递质以胞吐方式从突触前膜释放，A选项错误。由图可知，以"触—弹"方式释放神经递质后的囊泡可循环利用，B选项正确。神经递质作用于突触后膜，使下一个神经元兴奋或抑制，C选项错误。"完全坍塌"的方式中，突触前膜的面积会增大；"触—弹"的方式中，突触前膜的面积基本不变。因此，可以通过检测突触前膜的膜面积变化区分两种释放方式，D选项错误。

11.5　血糖平衡

概念本体　血糖平衡

概念释义　血液中的糖称为血糖，主要是葡萄糖，无论是在运动还是安静状态下，人体的血糖浓度总是维持在一定的水平，这就是血糖平衡。

概念解读　正常情况下，人体的血糖水平会维持在一个相对稳定的范围，空腹时大概在 3.9~6.1 mmol/L，餐后两小时一般不超过 7.8 mmol/L。

　　人体是如何维持血糖平衡的呢？这主要归功于胰岛素和胰高血糖素这两种重要的激素。当我们进食后，食物中的糖类被消化分解为葡萄糖，并被吸收进入血液使血糖升高。此时，胰腺中的胰岛 B 细胞会分泌胰岛素，它就像一把钥匙，打开细胞的"大门"，让葡萄糖进入细胞内被利用（如被分解释放能量、转化为脂肪等非糖物质，在肝脏细胞和肌肉细胞中还可以合成为糖原），从而降低血糖水平。而当我们处于饥饿状态，血糖降低时，胰岛 A 细胞会分泌胰高血糖素，它作用于肝脏，促使肝糖原分解为葡萄糖释放到血液中，使血糖升高。除了激素调节，神经系统也参与其中。当血糖水平发生变化时，神经系统会感知到并向内分泌系统发出信号，协助调节血糖。

概念应用

糖尿病是一种常见的代谢性疾病，其主要特征是血液中的葡萄糖水平长期高于正常范围，有多尿、多饮、多食但体重降低的症状。在全球范围内，糖尿病患者数量庞大，且呈上升趋势，严重影响人们的健康和生活质量。

糖尿病主要分为 1 型糖尿病和 2 型糖尿病，它们的发病原理存在一定差异。1 型糖尿病主要病因有遗传因素、病毒感染、自身免疫反应等。这些因素会导致胰岛 B 细胞被破坏，胰岛素分泌严重减少甚至缺失，血糖无法正常进入细胞，只能在血液中不断积累，进而导致血糖升高，引发 1 型糖尿病。2 型糖尿病是由胰岛素

图 11.5-1　糖尿病早期症状

抵抗和胰岛素分泌减少引起的。胰岛素抵抗是指机体对胰岛素的敏感性降低，胰岛素虽然还在努力工作，却不能有效地将血糖转运至细胞内，血糖就会升高。与此同时，胰岛 B 细胞为了应对高血糖，会不断分泌胰岛素，但长期的高负荷工作会使胰岛 B 细胞分泌胰岛素的能力逐渐减弱，进一步加重糖尿病的发展。遗传因素、环境因素、不良生活习惯（如饮食不均衡、缺乏运动）以及肥胖等，都是 2 型糖尿病的重要发病原因。

例题讲解

1. 下列各项中，＿＿＿＿可能引发糖尿病。

①病毒感染并破坏胰岛 B 细胞；②一次性大量进食糖；③规律饮食和锻炼身体

答案：①

解释：①胰岛 B 细胞被破坏，不能分泌胰岛素，就会导致血糖浓度高于正常值，可能引发糖尿病；②一次性大量进食糖类会导致暂时性的高血糖，但如果胰岛素可以正常分泌且作用，则血糖会很快被降低到正常范围内；③规律饮食和锻炼身体有益身体健康，有利于避免糖尿病的发生。

2. 研究发现，胰岛素必须与细胞膜上的胰岛素受体结合，才能调节血糖平衡。如果人体组织细胞膜缺乏该受体，则可能导致（　　　）。

A. 细胞减缓摄取血糖，血糖水平过高　　B. 细胞减缓摄取血糖，血糖水平过低

C. 细胞加速摄取血糖，血糖水平过高　　D. 细胞加速摄取血糖，血糖水平过低

答案：A

解释：在人体所有组织细胞尤其是肝脏、肌肉、脂肪等组织的细胞膜上，有数目众多的接受胰岛素信号的胰岛素受体。胰岛素必须和胰岛素受体结合才能发挥调节作用，使血液中的葡萄糖迅速进入细胞内被转化成能量供身体利用。因此如果受体缺乏，必然导致细胞利用葡萄糖的能力减弱，血糖水平升高。

11.6　植物激素

概念本体　植物激素

概念释义　由植物体内产生，能从产生部位运送到作用部位，对植物的生长发育有显著影响的微量有机物，叫作植物激素。

概念解读　植物激素几乎参与调节植物生长、发育、繁殖等过程中的所有生命活动，常见植物激素有生长素、细胞分裂素、赤霉素、脱落酸、乙烯等物质。近些年的研究又陆续发现了很多新的植物激素，如茉莉酸、油菜素内酯等。

　　生长素最早是从人的尿液中发现的能促进植物生长的物质，后来科学家从植物体内也找到了这种物质，发现它能促进细胞生长。放在窗台上很久不移动的植物会向光生长，就是因为生长素在起作用。在阳光的照射下，植物背光的那一面生长素会多一些，细胞长得比向光一侧快，所以植物就呈现向光性。

　　赤霉素能让植物茎秆伸长，让植物长得更高更壮，还能打破种子的休眠，让种子快点发芽。

　　细胞分裂素的主要工作就是促进细胞分裂，它还能够延缓植物衰老，让植物的叶子能更长久地保持绿色。

　　脱落酸就像一个闹钟，告诉植物该休息了。它能促进叶片和果实脱落，还能让种子进入休眠状态，这样种子就可以安全度过冬天而不会在冬天发芽。

　　乙烯是一种气体激素，能让果实快速成熟。如果把成熟香蕉与一串青香蕉放在一起，青香蕉就会很快成熟变黄，这是因为成熟香蕉释放的乙烯对青香蕉起到了催熟作用。

图 11.6-1　用成熟的香蕉催熟青香蕉

概念应用

　　由于植物激素在植物体内含量很低，因此在农业生产等领域，我们人工合成了很多具有类似植物激素作用的化合物，称为植物生长调节剂。

　　萘乙酸（NAA）是生长素类植物生长调节剂，既能促进生根，又能防止落花落果。在苹果、梨等果树的花期和幼果期喷施萘乙酸，可以减少生理落果，提高坐果率，增加果实产量。另外，在苗木移栽时，用萘乙酸处理根系，能促进新根的快速生长，提高苗木的成活率。

　　6 - 苄基腺嘌呤（6-BA）是细胞分裂素类植物生长调节剂，它具有促进细胞分裂、延缓叶片衰老的作用。将鲜花插入含有 6 - 苄基腺嘌呤的保鲜液中，可以使花朵保持鲜艳，延长花期。

　　乙烯利是一种化合物溶液，可以分解释放乙烯。在香蕉、杧果等水果的采收后处理中，用乙烯利溶液浸泡或喷施果实，能加速果实的成熟过程，使果实更快地变软、变甜，达到可食用的状态。不过，对乙烯利的使用需严格按照技术规程操作，并确保残留量不超过 2 mg/kg 的安全标准。合理使用乙烯利不仅有助于提高水果的品质和市场竞争力，还能保障消费者的健康安全。

例题讲解

1. 果实的生长发育受到多种激素的调节。以下叙述错误的是（　　）。

　　A. 生长素可促进果实发育　　　　B. 赤霉素可促进果实发育

　　C. 细胞分裂素可促进果实脱落　　D. 乙烯可促进果实成熟

　　答案：C

　　解释：生长素能够促进植物生长和果实的发育，A 选项正确；赤霉素具有促进果实发育的作用，B 选项正确；细胞分裂素促进细胞分裂，所以可以促进果实生长，脱落酸能促进果实脱落，C 选项错误；乙烯的主要作用是促进果实成熟，D 选项正确。

2. 有一株玉米的种子未脱离母体就发芽了，这种现象称为胎萌。根据植物激素的作用推测，胎萌的原因可能是植物发生基因突变，导致无法正常合成_____（填激素名）。

　　答案：脱落酸

　　解释：在种子成熟过程中，脱落酸含量可以增加若干倍来抑制种子萌发。脱落酸被去除后，休眠的种子就开始萌发。低水平的脱落酸可能使种子更容易打破休眠，导致早期萌发，比如发生脱落酸基因突变的玉米植株，一些籽粒会在穗轴上萌发。

12 生物与环境（进阶篇）

12.1 种群

概念本体 种群

概念释义 在一定空间范围内，同种生物所有个体形成的集合就是种群。

概念解读 一个池塘里所有的鲤鱼，它们就是一个种群；一片草原上所有的绵羊，也是一个种群。

就像我们每个人都有身高、体重这些特征一样，种群也有属于它自己的数量特征。（1）种群密度：在单位面积或单位体积内某种生物的个体数量，它是种群最基本的数量特征。比如，在 1 平方米的草地上有 10 株蒲公英，这就是蒲公英在这片草地上的种群密度。（2）出生率和死亡率：出生率是指在单位时间内新产生的个体数目占该种群个体总数的百分比，死亡率则是在单位时间内死亡的个体数目占该种群个体总数的百分比。比如，一个有 100 只兔子的种群，一年里新出生了 20 只小兔子，那么它的出生率就是 $20 \div 100 = 0.2$，也就是 20%。出生率大于死亡率，种群的数量就会增加；反之，种群数量则会减少。（3）迁入率和迁出率：迁入率和迁出率分别指单位时间内迁入或迁出的个体数目占该种群个体总数的百分比。比如，一个鸟群原来有 100 只鸟，一年里有 10 只鸟从其他地方飞了过来，迁入率就是 $10 \div 100 = 0.1$，也就是 10%。迁入率大于迁出率，种群数量就会增加；反之，种群数量则会减少。（4）年龄结构：一个种群里的个体年龄是不一样的，有的是幼年，有的是成年，有的是老年。根据不同年龄阶段的个体在种群中所占的比例，我们可以把种群的年龄结构分为三种类型：增长型、稳定型和衰退型。增长型就是幼年个体很多，老年个体很少，这样的种群未来数量会越来越多；稳定型是幼年、成年和老年个体的比例差不多，种群数量会比较稳定；衰退型就是老年个体比较多，幼年个体比较少，种群数量以后可能会越来越少。（5）性别比例：种群中雄性和雌性个体数目的比例。有些种群中雄性和雌性的数量差不多，比如人类社会中男女比例就大致平衡；但有些种群的性别比例可能差别很大，例如有些昆虫种群的雌性个体可能会比雄性个体多很多。性别比例也会影响种群的数量，如果雄性和雌性数量合适，就有利于种群繁殖后代，种群数量可能就会增加；如果性别比例失调，比如雄性太多或者雌性太多，可能就会影响繁殖，进而影响种群数量。

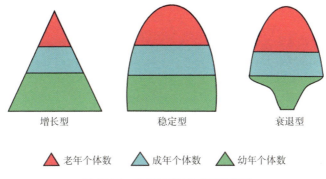

图 12.1-1　种群年龄结构的三种类型

概念应用

我国法律规定禁止实施非医学需要的胎儿性别鉴定，你知道这是为什么吗？

出生人口性比是指一定时期内出生的男婴和女婴数量的比例，一般用每 100 名女婴对应的男婴数来表示。自然生育情况下，出生人口性别比为 103~107 时处于相对平衡状态。中国出生人口性别比曾长期失衡，2006 年达到最高的 119.25。近年来有所改善，但仍高于正常范围。

正常的出生人口性比对于人口的自然增长和人口结构的稳定至关重要。如果出生人口性比偏离正常范围，可能预示着人口结构存在潜在问题。例如，出生人口性比长期过高，说明男性数量远超女性，大量男性难以找到合适伴侣，一方面会导致未来人口结构失衡，加速人口老龄化，加重社会养老负担；另一方面也可能引发婚姻资源竞争等矛盾，甚至导致人口拐卖等违法犯罪行为增多，严重影响社会的治安与稳定。

例题讲解

1. 根据你对种群的理解，举两个种群的例子：_____。

　　答案：（仅供参考）一个湖泊中的全部鲢鱼，一个菜园里的白粉蝶

　　解释：只要是一定空间范围内，同种生物所有个体形成的集合即可。注意一定要是同种生物，例如一片草原上的所有绵羊是一个种群，但一片草原上的所有羊就不是，因为羊包括很多种，山羊、绵羊是不同物种。

2. 为积极应对人口老龄化，2021 年 8 月 20 日，全国人民代表大会常务委员会表决通过了关于修改《中华人民共和国人口与计划生育法》的决定，提出一对夫妻可以生育三个子女。这一决定的目的主要是改变人口的（　　　）。

A. 出生率　　　　B. 年龄结构　　　　C. 性别比例　　　　D. 死亡率

答案：A

解释：每对夫妻从原本只能生育 1~2 个子女变为可生育 3 个子女，这一决定的目的是改变人口的出生率，伴随出生率的提高，幼年个体数量也会增加，也可能会间接改变年龄结构。

12.2 "J"形增长和"S"形增长

概念本体 "J"形增长和"S"形增长

概念释义 以时间为横坐标、种群数量为纵坐标画出曲线，曲线大致呈"J"形，即种群的数量每年以一定的倍数增长，这种类型的种群增长称为"J"形增长。如果种群经过一定时间的增长，数量趋于稳定，增长曲线呈"S"形，这种类型的种群增长称为"S"形增长。

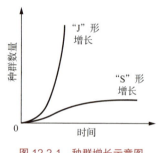

图 12.2-1　种群增长示意图

概念解读 在食物和空间条件充裕、气候适宜、没有天敌和其他竞争物种等条件下，种群数量呈"J"形增长，即种群数量以恒定倍数连续增长，增长率保持不变，增长速率随种群数量增大而增大，种群数量无最大值。"J"形增长是理想条件下的增长模式，在自然界中很少发生。但当一种外来物种被引入一个新环境中，且在初期没有天敌、食物充足、空间广阔的阶段，其种群数量会呈现"J"形增长。例如，20 世纪 30 年代，环颈雉被引入美国的一个岛屿，在 1937 年至 1942 年期间，其种群数量增长大致符合"J"形增长曲线。

在资源和空间有限、种群密度增大时种群内斗争加剧或者以该种群为食的动物数量增加等自然状态下，种群数量呈"S"形增长，增长率不断减小，增长速率先增大后减小，在达到环境条件所允许的最大值后基本保持稳定。

概念应用

一定环境条件所能维持的种群最大数量称为环境容纳量（K 值）。K 值在生产生活中有很重要的应用。

在渔业捕捞中，假设某海域中某种鱼的环境容纳量为 10 000 条。当鱼的数量远低于 10 000 条，如仅为 2000 条时，表明该鱼群仍有较大的生长和繁殖空间，此时不宜过度捕捞，要让鱼继续生长繁殖，这样以后才能有更多的鱼可以捕。但如果鱼的数量达到了接近 10 000 条，比如有 9000 条了，这时候就可以适当捕捞一些，把鱼的数量控制在 $K/2$（也就是 5000 条）左右，因为在这个数量的时候，鱼的增长速率最大，这样既可以保证有鱼被捕捞上来，又能让鱼的数量快速增长，以后也能一直有很多鱼可以捕。

K 值不是固定不变的。比如野生大熊猫的栖息地遭到人类活动的破坏，其活动范围大幅缩小，K 值就会变小，这是野生大熊猫种群数量骤减的重要原因。所以保护大熊猫的根本措施是建立自然保护区，给予大熊猫更广阔的生存空间，提高 K 值。

例题讲解

1. 生物学家在 0.5 mL 培养液里放入 5 只草履虫，每隔 24 小时统计一次草履虫数量，预测草履虫的数量会呈____形增长。

   答案：S
   解释：培养液中营养和空间都有限，随草履虫数量增加，它们对营养和空间的竞争会越来越激烈，导致死亡率升高，出生率降低。

2. 为了保护鱼类资源不受破坏，并能持续地获得最大捕鱼量，根据种群增长的"S"形曲线，应该使捕捞后鱼的种群数量保持在_____水平，这是因为在这个水平上_____。

   答案：$K/2$　种群增长速率最大
   解释：研究表明，捕捞量在 $K/2$ 左右（中等强度的捕捞），种群增长速率最大，捕捞后鱼的数量能迅速恢复，不会危及来年的鱼产量，有利于持续获得较大的鱼产量。

12.3　生物群落

概念本体　生物群落

概念释义　在相同时间聚集在一定地域中的各种生物种群的集合，叫作生物群落。

概念解读　简单来说，群落就是生活在一起且适应一定生存条件的动物、植物和微生物的集合体。群落的结构包括空间结构和时间结构，其中空间结构又分为垂直结构和水平结构。

群落的垂直结构最显著的特征是成层现象。以森林群落为例，高大乔木占据上层，接收充足光照进行光合作用；中层是灌木层，能利用乔木遮挡后的部分光照；下层是草本层，对光照需求较低；最底层是地表层，如苔藓、地衣等。植物为动物提供了多样的栖息空间和食物，因此动物也会有垂直分层现象，比如鸟类有的在树冠层活动觅食，有的在灌木层栖息。

图 12.3-1　森林群落的乔木层与灌木层

群落的水平结构是指由于地形起伏、光照明暗、温度差异等因素，不同种群依据自身生态需求分布在不同地段。比如山坡的阳面和阴面，阳面光照充足，分布着阳生植物；阴面光照较弱，适合耐阴植物生长。在草原上，各种植物会呈斑块状分布，形成水平方向上的差异。

图 12.3-2　非洲草原的水平结构

群落的时间结构是指群落的物种组成和外貌随时间而发生有规律的变化。群落物种组成的昼夜变化明显。例如，白天，蝶类、蜂类和蝇类等昆虫在开阔地较为活跃；到了晚上，夜蛾类和螟蛾类等昆虫则更为活跃。在温带地区，草原和森林群落的外貌四季差异大，即群落的季相。例如，温带草原早春返青，盛夏繁茂多彩，秋末枯黄相间，冬季则一片枯黄。

概念应用

稻－萍－蛙立体农业是一种充分利用群落垂直结构的生态农业模式。在稻－萍－蛙立体农业模式中，水稻作为主要的上层作物，植株较高，能够充分利用上层空间的光照资源进行光合作用。绿萍耐阴性好，生长在水稻植株下部的水面上，利用水稻间隙的散射光以及水面的空间进行生长繁殖，提高了群落对光能的利用率。蛙类在稻田的水体和土壤表面等空间活动，它们可以在水稻植株间穿梭，也会利用稻田中的田埂、沟渠等作为栖息和活动场所。这种分层布局使得不同生物在垂直方向上占据不同的空间，实现了对有限土地空间的高效利用。稻－萍－蛙立体农业模式实现了水稻、绿萍和蛙类的共生共长，同时收获水稻、绿萍（可作为饲料）和蛙类（食用或药用）等多种农产品，提高了单位面积土地的产出率。

例题讲解

如图所示为某个栎树林群落的____结构。在这个树林中生活着多种鸟类，其中乌鸦和红胸鸲主要栖息在草本层，大山雀主要栖息在灌木层，林鸽和茶腹鸭主要栖息在乔木层。

不同鸟类在栎树林群落的分布存在____现象，在这个群落中，大山雀生活的主要层次是____（填图中字母）。

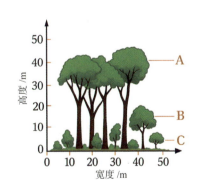

答案： 垂直　分层　B

解释： 从图中可以看出植物自下而上分别是草本层C、灌木层B、乔木层A，鸟类也有自下而上的分层，这体现了群落的垂直结构。据题干可知大山雀主要栖息在灌木层，对应字母B。

12.4　群落演替

概念本体　群落演替

概念释义　随着时间的推移，一个群落被另一个群落代替的过程，叫作群落演替。

概念解读　群落演替就好像一个地方原本住着一群"小伙伴"，后来慢慢地有另一群"小伙伴"来把他们给"替换"了，然后这个地方的样子和功能等都发生了变化。群落演替主要有两种类型。

（1）初生演替，是指在一个从来没有被植物覆盖的地面，或者是原来存在过植被但已被完全破坏的地方发生的演替。比如火山喷发后形成的新的火山岩或者冰川融化后露出的裸地等，在这些地方一开始什么植物都没有，后来慢慢开始有植物生长，这就是初生演替的开始。一般地衣会作为"先锋"首先在一个地方生长，它能分泌有机酸分解岩石形成土壤颗粒，为其他植物生长创造条件。在条件适宜的情况下，初生演替可能会依次经历地衣阶段→苔藓阶段→草本植物阶段→灌木阶段→森林阶段。

（2）次生演替，是指在原有植被虽已不存在，但原有土壤条件基本保留，甚至还保留了植物的种子或其他繁殖体的地方发生的演替。比如，一个地方因为火灾、洪水、人类活动等原因，把原来的森林、草地等植被给破坏了，但土壤还在，种子等也还在，那么这个地方重新长起来植被的过程就是次生演替。次生演替的过程和初生演替有些类似，但因为有一定的土壤和繁殖体基础，所以它的速度会比初生演替快很多。一般来说，次生演替可能会从草本植物阶段开始，然后很快就会发展到灌木阶段，最后也可能形成森林。当然，具体形成什么样的群落，还得看当地的环境条件。

图 12.4-1　森林大火后的次生演替（草本植物阶段）

概念应用

　　人类活动会影响群落演替的方向和速度。在我国的库布齐沙漠，人们通过种植沙柳、柠条等耐旱植物，发展沙漠旅游、沙柳造纸等产业，实现了生态修复、产业发展和农民增收的良性循环，走出了一条产业治沙的全新路径，使库布齐成为世界知名的沙漠治理典范。

图 12.4-2　库布齐沙漠大漠变绿洲

　　在沙漠治理过程中，植树种草等措施，能改善沙漠的土壤结构。沙柳、柠条等植物的根系可以固定土壤，增加土壤的有机质含量，使原本流动性强、养分匮乏的沙地逐渐向具有一定保水保肥能力的土壤转变，为更多植物生长创造条件，推动群落从简单的耐旱、耐沙植物群落向更复杂的植物群落演替。

例题讲解

　　太平洋深处的一座岛屿由海底火山喷发形成，由于植被茂盛，物种独特，登岛研究人员逐渐增多。该岛屿的群落演替属于_____，演替过程中该岛屿上的物种多样性_____，研究人员的到来可能会影响该岛屿的群落演替。

答案：初生演替　增加

解释：火山岩浆温度很高，足以杀死该岛屿上曾有的所有生物，所以该岛屿的群落演替属于初生演替，即生物从无到有，从少到多，生物种类越来越多。人类活动会影响自然群落的演替过程。

12.5 物质循环

概念本体 物质循环

概念释义 组成生物体的碳、氢、氧、氮、磷、硫等元素，都在不断进行着从非生物环境到生物群落，又从生物群落到非生物环境的全球性循环过程，这就是生态系统的物质循环，该循环在整个生物圈范围内进行。

概念解读 以碳循环为例介绍生态系统的物质循环。

空气中有二氧化碳，它是含碳的气体。绿色植物通过光合作用，吸收空气中的二氧化碳，利用光能和水将其转化为含碳有机物储存在体内。动物直接或间接以植物为食，植物体内的有机碳便转移至动物体内。动植物的呼吸作用又会把一部分有机碳分解，以二氧化碳的形式排回空气中。当植物和动物死亡后，土壤中的微生物开始工作，它们分解动植物遗体，将其中的有机物变成二氧化碳回到空气中。有些大型植物的遗体没能被分解者分解，历经亿万年转化为煤炭、石油等埋藏在地下。人类燃烧煤炭、石油，又会把其中的大量有机碳变成二氧化碳排放到大气中。就这样，碳在生态系统里不停循环，维持着生态系统中碳的平衡。

图 12.5-1 生态系统的碳循环示意图

概念应用

不是所有元素都像碳一样能迅速在生物和非生物环境间进行循环，有些元素的循环过程很缓慢。当生物从周围环境吸收了某些元素或者难以降解的化合物（如铅、汞、镉、DDT 等）后，这些物质由于其特殊的化学结构和性质，很难被生物体内的代谢系统分解或排出，因此就会积蓄在体内，这个现象被称为生物富集。一旦含这些物质的生物被其他动物食用，这些物质就会沿着食物链在生物体内积累，其在食物链顶端的动物体内浓度最高。

日本的水俣病是生物富集的典型案例。工厂把含汞的废水排放到海洋中，汞这种有害物质就进入了海洋的物质循环。海洋里的浮游生物吸收了汞，小鱼吃了浮游生物，大鱼又吃了小鱼，汞就在大鱼体内不断富集。人类食用含高浓度汞的鱼后，鱼体内的汞会损害人的神经系统等，导致患者出现肢体麻木、运动障碍、精神失常等症状，还会造成胎儿畸形等遗传危害，甚至直接危及生命。

例题讲解

1. 在生态系统中总是不断地进行物质循环，这种循环是指物质（　　）。

   A. 在特定生态系统中循环的过程

   B. 在群落的生物体内循环的过程

   C. 在生态系统各营养级之间循环的过程

   D. 在群落与非生物环境之间循环的过程

   答案：D

   解释：生态系统的物质循环概念：组成生物体的碳、氢、氧、氮、磷、硫等元素，都不断进行着从非生物环境到生物群落，又从生物群落到非生物环境的循环过程。物质是指构成生物体的各种化学元素，循环是指基本元素在生物群落与非生物环境间往返出现，循环范围是整个生物圈。

2. 下列有关生物富集作用的说法，不正确的是（　　）。

   A. 生物富集作用与人类的活动有关

   B. 环境中的有害物质可以被植物、动物直接吸收

   C. 在食物链中级别越高，有害重金属沉积越少

   D. 生物富集具有全球性

   答案：C

   解释：会发生生物富集的有害物质大多是人类活动向环境中排放的，A 选项正确；环境中的有害物质可以被植物、动物直接吸收，但不能被利用，导致其在生物体内积累，B 选项正确；有害重金属会沿着食物链传递，营养级越高，生物体内有害物质的沉积越多，C 选项错误；生态系统中的有害物质会参与生物系统的物质循环，具有全球性，D 选项正确。

12.6　能量流动

概念本体　能量流动

概念释义　生态系统中能量的输入、传递、转化和散失过程，称为生态系统的能量流动。

概念解读 生态系统中的各种生物需要能量来生存和活动。这些能量主要来自太阳，绿色植物通过光合作用将光能转化成化学能，存储在有机物中，这就是能量的输入。草食动物吃了植物，能量就从植物传递到了草食动物身上，肉食动物再吃了草食动物，能量又传递到了肉食动物体内，这就是能量的传递过程。在这个过程中，能量可以从光能转化为化学能，也能从糖类中稳定的化学能转化为 ATP 中活跃的化学能，这就是能量的转化。生物通过呼吸作用等，会将一部分能量以热能的形式散失到环境中去，这就是能量的散失。

能量流动具有以下两个特点。(1) 单向流动：能量只能沿着食物链从一个营养级流向另一个营养级，不能反过来流动。类似于水从高处流向低处，能量流动具有固定的方向性。比如，草的能量可以被兔子获取，但是兔子的能量不能直接回到草里。(2) 逐级递减：能量在沿着食物链流动的过程中是逐渐减少的。一般来说，输入一个营养级的能量中，只有 10%~20% 的能量能够流到下一个营养级。这是为什么呢？因为生物在生长、呼吸、繁殖等生命活动中都会消耗能量，还有一部分能量会以粪便等形式排出体外，所以能传递到下一个营养级的能量就少。

能量不能在生态系统中循环利用。就像我们打开电灯，电能转化成光能和热能散发到空气中，这些能量就不会再自动变回电能让电灯亮起来。

概念应用

生态系统能量流动的研究对农业生产有诸多启示。在农业生产中，可以尽量减少食物链环节，让能量更多地流向对人类有益的部分，比如减少稻田中的杂草和害虫，避免它们与农作物竞争能量；还可以实现能量的多级利用，提高能量利用率，比如在农田中养殖蚯蚓——蚯蚓以农作物秸秆等有机废弃物为食，其粪便又可作为优质肥料还田，提高土壤肥力，促进农作物生长。另外，依据能量流动中植物对光能的利用情况，在农业生产中还要合理密植。种植过稀，光能无法充分利用，会造成能量浪费；种植过密，植物之间会争夺光照、水分和养分，导致单株植物生长不良，也会降低对能量的利用效率。

例题讲解

1. 在生态系统中，能量沿着食物链流动的特点是（　　）。

A. 反复循环，逐级递减　　　　　　B. 单向流动，逐级递减

C. 反复循环，逐级递增　　　　　　D. 单向流动，逐级递增

答案：B

解释：生态系统能量流动的特点是单向流动和逐级递减。

2. 如图所示的食物网中，若人的体重增加 1 kg，最少消耗水藻 _____ kg，最多消耗水藻 _____ kg。

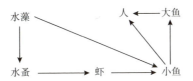

答案：25　100 000

解释：图中最短的食物链是"水藻→小鱼→人"，最长的食物链是"水藻→水蚤→虾→小鱼→大鱼→人"。能量传递效率为 10%~20%，按能量传递效率为 20% 且食物链最短逐级计算，人的体重增加 1 kg，至少消耗小鱼为 5 kg，消耗水藻为 25 kg；按能量传递效率为 10% 且食物链最长逐级计算，人的体重增加 1 kg，最多消耗大鱼为 10 kg，消耗小鱼为 100 kg，消耗虾为 1000 kg，消耗水蚤为 10 000 kg，消耗水藻为 100 000 kg。

12.7　生态系统的稳定性

概念本体　生态系统的稳定性

概念释义　生态系统维持或恢复自身结构与功能处于相对平衡状态的能力，叫作生态系统的稳定性。

概念解读　生态系统的稳定性体现在两方面：抵抗力稳定性和恢复力稳定性。

抵抗力稳定性是指生态系统抵抗外界干扰，保持自身结构和功能相对稳定的能力。例如，热带雨林中生物种类极其丰富，包含多种植物、昆虫、鸟类、哺乳动物、微生物等。当有少量害虫入侵时，由于存在众多害虫的天敌，如食虫鸟类、蜘蛛等，害虫的数量很难大规模增长，就不会破坏生态系统原有的结构与功能。

恢复力稳定性是指生态系统在受到外界干扰的破坏后恢复原状的能力。例如，当湖泊受到轻度污染时（如少量生活污水排入），水体中的氮、磷等营养物质可能逐渐积累。如果污染持续或加剧，可能导致水体富营养化，进而引发藻类大量繁殖。藻类的过度生长会消耗大量溶解氧，导致水体缺氧，最终可能使一些鱼类因缺氧而死亡。然而，如果污染源得到及时控制并减少营养物质输入，湖泊生态系统通常具有一定的自我恢复能力。水中的微生物会逐渐分解过多的有机物，一些水生植物如芦苇、菖蒲等可以吸收水中的营养物质，降低水体的富营养化程度。随着水质的改善，藻类的繁殖得到抑制，溶解氧含量回升，鱼类等水生动物的数量也会逐渐增加，湖泊生态系统会慢慢恢复到污染前的状态。

一般来说，生态系统结构越复杂，其抵抗力稳定性就越高，恢复力稳定性越低。但也有例外，如北极冻原生态系统，其抵抗力稳定性和恢复力稳定性都很低。这主要是因为其环境恶劣，生物种类稀少，导致其自我调节能力弱，一旦受到干扰，生态系统很难恢复。

图 12.7-1　冻原生态系统

概念应用

1998 年，陕西省吴起县响应号召，实施"封山退耕、植树种草、舍饲养羊、林牧主导、强农富民"战略，率先在全国实现全县整体封山禁牧。1999 年一次性退耕还林 155.5 万亩。如今全县森林覆盖率达 20.3%，林木绿化率 40.9%，林草覆盖度达到 72.9%。

封山育林存在诸多好处。（1）提高抵抗力稳定性：封山育林能增加植被种类和数量，丰富生物多样性，使食物链和食物网更复杂。如此一来，生态系统抵抗病虫害、气候变化等干扰的能力也就得到增强。（2）增强恢复力稳定性：植被增多能改善土壤等环境条件，在遭受一定程度破坏后，生态系统凭借丰富的物种基础和良好的环境条件，恢复速度更快，恢复能力更强，更易回到稳定状态。

例题讲解

如图所示为生态系统稳定性图解。由图可知，a 为_____稳定性，b 为_____稳定性。

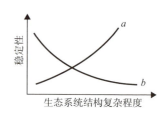

生态系统结构复杂程度

答案： 抵抗力　恢复力

解释： 生态系统的结构越复杂，抵抗力稳定性越高，恢复力稳定性越低。从图中可以看出，随着生态系统结构复杂程度的增加，a 的稳定性增强，这符合抵抗力稳定性的特点，即生态系统结构越复杂，抵抗外界干扰的能力越强；而 b 的稳定性减弱，这与恢复力稳定性的特点相符，即生态系统结构越复杂，遭受破坏后恢复原状的难度越大，恢复力稳定性越低。因此，a 为抵抗力稳定性，b 为恢复力稳定性。

12.8　生态工程

概念本体　生态工程

概念释义　生态工程是指人类应用生态学和系统学等学科的基本原理和方法，对人工生态系统进行分析、设计和调控，或对已被破坏的生态环境进行修复、重建，从而提高生态系统的生产力或改善生态环境，促进人类社会与自然环境和谐发展的系统工程技术或综合工艺过程。

概念解读　生态工程应遵循以下四个基本原则。（1）自生原则：让各组分能形成有序的整体，能够有自我调节、自我更新和维持的能力，因此要创造有利于生物组分的生长发育条件，让它们能形成互利共存关系。（2）循环原则：要通过设计实现物质或元素的不断循环，减少系统中"废物"的产生。（3）协调原则：生物与环境、生物与生物要协调适应。要选适合当地环境的植物，这样它们才能长得好，比如在干旱地区就要选择种植耐旱的植物。（4）整体原则：要将生态系统当作一个整体来看。不能只考虑一种生物或者一个部分，要考虑整个生态系统里的所有成分，比如"山水林田湖草沙"就是一个生命共同体，它们相互影响、相互作用。此外，整体原则还包括我们要将自然、经济、社会作为一个整体，三者结合综合考虑。

概念应用

生态工程案例分析

案例1：湿地生态恢复工程。在湿地恢复中，通过种植本地的水生植物，如芦苇、菖蒲等，吸引鱼类、鸟类等生物栖息。这些生物在湿地中形成食物链，共同构建生态系统。植物吸收水中的营养物质，为动物提供食物和栖息地，动物的排泄物又为植物提供养分，整个生态系统依靠生物自身的生长、繁殖等能力，实现自我组织、自我优化和自我调节，体现了自生原则。

案例2：无废弃物农业。以前农民会将农作物秸秆直接焚烧，但现在，他们会把秸秆、人畜粪便等收集起来，堆肥后施用到农田中，让土壤更加肥沃，有利于下一季农作物生长。农作物又吸收土壤中的养分生长，收获后的秸秆等又可以继续被利用，物质在这个过程中不断地循环，减少了废弃物的产生，提高了资源的利用效率，体现了循环原则。

案例3：三北防护林工程。三北地区气候干旱、风沙大，在建设防护林时，人们选择了耐旱、耐寒、抗风沙的树种，如胡杨、沙棘等。这些树种能够适应当地的环境条件，生长良好，并且与当地的其他生物也能协同共生，没有因为树种不适应而导致大量死亡或者生态失衡等问题，体现了生物与环境、生物与生物之间的协调原则。

案例4：北京郊区某村的以沼气工程为中心的物质多级循环利用工程。该工程把沼气池、猪禽舍、厕所和日光温室结合在一起。日光温室为猪、禽提供温暖的环境，猪、禽的粪便进入沼气池产生沼气，沼气可用于做饭、照明等，沼渣和沼液又是温室蔬菜的优质肥料，蔬菜为人和动物提供食物和氧气。整个工程不仅考虑了生态系统内部的各种生物和环境因素，还考虑了与当地农民生活、经济发展等的关系，实现了生态效益、经济效益和社会效益的统一，体现了整体原则。

例题讲解

如图所示为某农业生态工程的示意图，该生态工程的设计体现了_____等原则，该系统的能量最终来源是_____。沼液、沼渣还田的主要目的是为农作物提供_____。

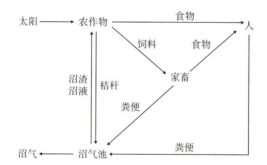

答案：循环、整体　农作物固定的太阳能　无机盐

解释：秸秆、粪便用来产生沼气，沼气可以燃烧用于做饭等人类活动，剩余沼渣、沼液又可以作为肥料为农作物提供无机盐，这体现了循环原则。该系统的总能量来自农作物固定的太阳能，同时实现了生态效益、经济效益和社会效益的统一，体现了整体原则。